微表情心理学

杨颖 编著

成都地图出版社

图书在版编目(CIP)数据

微表情心理学 / 杨颖编著. -- 成都：成都地图出版社，2019.3
 ISBN 978-7-5557-1088-2

Ⅰ.①微… Ⅱ.①杨… Ⅲ.①表情-心理学-通俗读物 Ⅳ.①B842.6-49

中国版本图书馆 CIP 数据核字(2018)第 258881 号

微表情心理学
WEIBIAOQING XINLIXUE

编　　著：	杨　颖
责任编辑：	王　颖
封面设计：	松　雪
出版发行：	成都地图出版社
地　　址：	成都市龙泉驿区建设路 2 号
邮政编码：	610100
电　　话：	028-84884827　028-84884826(营销部)
传　　真：	028-84884820
印　　刷：	天津兴湘印务有限公司
开　　本：	880mm×1270mm　1/32
印　　张：	8
字　　数：	180 千字
版　　次：	2019 年 3 月第 1 版
印　　次：	2019 年 3 月第 1 次印刷
定　　价：	29.80 元
书　　号：	ISBN 978-7-5557-1088-2

版权所有，翻版必究
如发现印装质量问题，请与承印厂联系退换

前　言

提到微表情，人们总会想到一个人的面部及五官。例如众所周知的眉来眼去、挤眉弄眼、怒目圆睁等。

心理学家认为，微表情是一个人内心真实意图的流露，是人们通过各种细微的表情变化来传达自己内心变化的一种方式，只不过这种方式在多数情况下都是一个人在潜意识或无意识之中所作出的内心反应。虽然有时候人们会试图掩盖它，但科学研究发现，这种微表情是根本无法掩盖的，它至少能够在人的身体上停留 1/25 秒的时间，这就为微表情的研究打开了一扇窗。

其实，微表情不仅仅是指人们的面部微表情，还包含着人们的肢体微表情和行为微表情，比如，一个人突然抖了抖双腿，此时，如果他不是身体上出现了某种突发的疾病，那么就说明他内心的情绪一定发生了什么变化，或者说发生了什么令他十分意外之事，从而刺激到了他。同理，当一个平时沉默寡言的人突然变得滔滔不绝的时候，那么肯定是发生了什么不同寻常的事情，从而导致他出现了这种变化。

此外，一个人的习惯性动作，比如人们的"洁癖"或是下意识地咬一下自己的手指，甚至是喝茶时的某种习惯性动作等，所有这些看似漫不经心或是习以为常、司空见惯的举动，实际上都是微表情，都是一个人情绪的真实反映。

因此，微表情所反映出来的实际上是我们人类所共有的高兴、轻蔑、惊讶、愤怒、厌恶、恐惧和悲伤七种情绪的特征，由此也可以看出，观察微表情其实就是在把脉一个人情绪变化的过程。

我们真诚地希望读者通过对本书的阅读，能对微表情心理学有更加深入的认识，并能将这些知识应用到日常生活与工作中去，以此提升人际沟通效果。

2018 年 9 月

目 录
CONTENTS

第 一 章　头脑密码：头部显露的心理秘密
有迹可循的头部姿势／002
点头的艺术／006
摇头的奥妙／010
歪着脑袋传递的信号／011
拍打头部的寓意／013
低头不等于退缩／016

第 二 章　眉目传情：眉眼传达的心理信号
眉毛的"动作"所透露的心理信号／020
瞳孔：最真实的心灵之窗／024
双眸：灵魂的镜子／027
眼球转动表达的意思／030
视线的交流是沟通的前提／032

透过眼睛移动的情况看心态 / 034

眼神交汇时绽放的光芒 / 035

交际中的目光应用 / 039

控制对方的视线 / 041

第三章　口鼻达意：口鼻显示的心理活动

摸鼻子意味着什么 / 044

鼻子大代表能力强吗 / 046

嘴唇的无声语言你懂吗 / 048

拉动嘴形的微笑 / 051

下巴也会"说话" / 053

从下巴的动作看心理 / 057

第四章　指间风云：手指暗含的心理密码

拇指的动作暗含的寓意 / 062

食指的动作暗含的寓意 / 063

中指的动作暗含的寓意 / 065

戒指指——无名指 / 066

手指交叉的心理信号 / 069

第 五 章　掌中乾坤：手掌流露的心理语言

手掌蕴含的力量 / 072

"摩拳擦掌"潜藏的真实含义 / 074

背握式的手姿 / 075

紧握双手 / 077

交叉型的手势 / 078

显示不安的手姿 / 080

尖塔形手势 / 081

第六章　臂膀形态：手臂泄露的心理信息

臂部显示的身体信号／084

典型的双臂交叉姿势／085

抓握式的双臂交叉姿势／088

强化的双臂交叉姿势／089

伪装的双臂交叉姿势／090

双臂的其他动作／092

第七章　腿脚动作：下肢暗含的心理秘密

腿和脚隐藏的语言秘密／094

会泄密的腿部／096

几种典型的腿脚姿势／099

站立时，腿脚也会泄密／105

女性常用腿势大揭秘／106

双腿的开合与心理的关系／107

女性着短裙的腿部动作揭示其心理 / 109
脚尖的方向 / 110
由步伐识人 / 111

第八章 闻声辩意：言语揭示的心理特征
音色揭示的性格特征 / 116
音质透露性格内涵 / 119
音调透露的内心世界 / 123
从打电话的声音识人 / 125
常说错话的人 / 126
言辞过谦者的心态 / 127
爱发牢骚者 / 132
不同话题带来的信息 / 134
听懂对方的言外之意 / 137

不同笑声隐藏的不同信息 ／ 142

口头禅间接反映人的性格 ／ 148

第 九 章　尽在"掌"握：握手表露的心理信息

从握手感知对方的性格 ／ 154

从握手探知对方的诚意 ／ 157

握手显示人的个性 ／ 158

通过握手降低对方的强势 ／ 160

第 十 章　笑容背后：笑容演绎的心理风暴

笑声的言外之意 ／ 164

几种常见的微笑 ／ 165

真笑与假笑 ／ 167

快笑与慢笑 ／ 169

嘲笑 ／ 170

第十一章　习惯动作：从行为动作解读内心
　　敲门所展示的身份信息／172
　　从写字的笔迹读懂性格／174
　　从乱涂乱画看人的性格特征／178
　　从等人的习惯动作看性格／180
　　从打电话的习惯动作看性格／182
　　从酒后的行为表现看性格／184
　　从拿麦克风的方式轻松识人／186
　　从品咖啡习惯看人的性格／188
　　从送礼物的习惯观察人／191
　　从沐浴习惯透视他人的内心／193
　　从点菜的习惯看人的品性／195
　　从喝茶习惯透视他人的内心／197
　　从放手机的习惯看人的个性／199
　　从购物习惯看一个人的性格／201

第十二章　由外及内：从兴趣爱好洞察心理活动

　　从喜欢的食物口味看性格 / 206

　　从喜爱的水果类型看性格 / 209

　　从喜爱的快餐食品看性格 / 211

　　从喜欢吃的菜看性格 / 214

　　从喜欢的汽车类型看性格 / 217

　　从旅游的偏好看性格 / 221

　　从喜爱听的音乐类型看性格 / 224

　　从喜欢玩的益智游戏看性格 / 227

　　从喜爱看的电视节目看性格 / 231

　　从喜爱的宠物辨主人性情 / 234

　　从阅读的爱好看性格 / 238

　　从喜欢的床的类型看对方 / 241

第一章

头脑密码：头部显露的心理秘密

有迹可循的头部姿势

头部的姿势有抬头、低头、头部倾斜、头部后仰等。各种姿势在不同的场合有不同的寓意，如"抬头"可表示趾高气扬，盛气凌人；也可以表示仰天长啸。仰天长啸又分为笑傲江湖的得意一笑和如猿的悲鸣。不同的人摆出的同样的姿势所表达的含义又有不同，还拿"抬头"来说，热情乐观的人抬头一般表现的是对未来的憧憬和向往，寓意是踌躇满志，或者是如愿以偿；悲观厌世的人则可能是怨天尤人或者"一失足成千古恨"。

头部是人体最重要的部位，"头脑"在汉语的词汇里经常是一块出现的，是智慧的代名词。如说一个人很有头脑，就是说这个人比较聪明。同时，头部可以展现一个人的所有表情，正是所谓的"察言观色"。现在，了解一下具体的头部姿势。

1. 抬头

我们常说走路要挺胸抬头，这里的"抬头"指的是一种精神状态，一种昂扬向上的态度。如果是在说话过程中突然抬头，一般表示逆反、反抗——叛逆期的孩子们一般都会对家长的训斥采取这样的态度，还有坚决不屈服的俘虏也都是以这样的态度面对强敌。

缓缓抬头，一般表示意味深长，或者轻微的惊异、好奇，也可能是要确认自己听到的话语的真实性，或为了关注对方，更认真倾听对方的言语。如在谈判桌上，谈判的一方在对方谈论谈判条件的时候，缓缓抬头，一般表示对对方条件的重视和关注。家长在听孩子们诉说的过程中，缓缓抬头，一般表示惊异于孩子的表达，要么是惊异于孩子长大了，暗含着一种赞许的态度，要么是惊异于孩子的不肖，暗含责备之意；朋友之间，其中一个在对方谈话的过程中缓缓抬头，一般表示好奇、怀疑或确保对方谈话内容的真实性。如学生之间的谈话，总是有一搭没一搭地进行，在其中一方说到某处对方感兴趣的话时，对方会缓缓抬头，确认刚刚所听到的信息的真实性，或者表示自己很乐意继续听下去，对对方的话很好奇，很感兴趣。

2. 低头

老舍的《龙须沟》的第一幕："南边中间是这个小杂院的大门，又低又窄，出来进去总得低头。"这里的低头是低头的本意，不含任何感情色彩，就是把头部向下低，使自己从某物的下面通过时不受伤害。

而我们中华民族的老祖宗们不可能让一个词语承受华夏文明的几千年的孤独，所以，低头在不同的场合有不同的含义。

春秋战国时期，《庄子·盗跖》篇曾说："（孔子）色若死灰，据轼低头，不能出气。"这里的低头表示的是一种低迷的精神状态。 这句话说的是孔子不听好友柳下季的劝阻一意孤行去劝导柳下跖，反自取其辱，被强词夺理的柳下跖的威吓和言词惊吓得连连后退的情景。

《后汉书·逸民传·梁鸿》："居有顷，妻曰：'常闻夫子欲隐居避患，今何为默默？ 无乃欲低头就之乎？'"这里提到"举案齐眉"典故的主人公梁鸿及其妻子孟光的故事。 两个人在一块儿生活了一段时间后，妻子孟光问梁鸿，"以前总认为夫君您想要找个宁静的地方去隐居，现在为什么总是默默无言？ 难道是想委曲求全，顺应世俗吗？"这里的低头，意思是卑贱地顺从。

诗仙李白的《静夜思》诗有言："举头望明月，低头思故乡。"这里的低头，是在望月思乡的时候，低头浅吟，含有一种自怜的清冷和对家里团圆的渴望和依恋之意。

元代诗人萨都剌《北人冢上》诗曰："低头下拜襟尽血，行路人情为惨切。"这里的低头则是一种凄凄切切的感情。

3. 头部倾斜

头部倾斜，一般表示疑问、顺从的意思。

歪着头，即是头部倾斜。

看这样一个小例子：五岁的时候，我说我爱你。 你歪着脑袋，眨着水晶般的大眼睛，疑惑地问我："什么意思呀？"这里，头部倾斜即表疑问。

古代的女子"巧笑倩兮，美目盼兮"，就是歪着头娇娇地笑着，有撒娇的意味，这里头部倾斜表示顺从。

当然有时候头部倾斜也表劳累之后的小憩。如"他全身倾在椅子里,歪着头,似乎还在想着什么。"

4. 头部后仰

头部后仰的动作很多时候表示极端的某种形象,如仰天大笑、仰天长叹、哭天抢地等。

诗仙李白素有远大的抱负,他立志要"申管晏之谈,谋帝王之术,奋其智能,愿为辅弼,使寰区大定,海县清一"(《代寿山答孟少府移文书》)。但是,他却苦苦求不到功名,得不到朝廷的青睐。直到天宝元年(742),四十二岁的李白才得到唐玄宗召他入京的诏书,这时候,他得意地写下了"仰天大笑出门去,我辈岂是蓬蒿人",可见其极端的兴奋之情。

《三国演义》第五十七回:"周瑜徐徐又醒,仰天长叹曰:'既生瑜,何生亮。'连叫数声而亡。"这里也可以看出仰天长叹的极端气愤之情。

哭天抢地的解释:嘴里喊着天,头撞着地大声哭叫,形容极度伤心。可以参看这则例子:芝秀娘哭天抢地,痛不欲生,又打又骂芝秀的爹,家里乱成了一锅粥。(刘绍棠《鱼菱风景》)

以上是常见的几种头部姿势。又如:头部缩回,表示对事物的回避和不认可;头部僵直,是吃惊或者心理郁闷的表现,心里觉得无聊、苦闷的表现;头部朝侧方移开,主要表现在遇到危险或有伤害性的事物时,是一种保护性的动作。

在日常生活中，只要认真研究观察，你会发现人们的体态语言虽然千差万别，但似乎仍然有迹可循。

点头的艺术

点头是指头微微向下动，表示允许、赞成、领会或打招呼。在中国的文化中，点头这一姿势表示的文化含义更丰富。

表示允许：他见我进来，点了下头："这种做法需经局领导点头批准。"

表示赞同：《红楼梦》第三十五回："黛玉看了，不觉点头。"

也可以表示打招呼。宋代刘过的《送刘从周教授》诗："还乡若有过从便，会尽人间只点头。"清代的和邦额《夜谭随录·崔秀才》："会尽人情，点头亦属多事耳。"

在唐代时科举中选者，主考于其姓名上用红笔点一下，谓之"点头"。如《新唐书·苏晋传》："及裴光庭知尚书，有过官被却者，就籍以朱点头而已。"当然，这只是一种比较生僻的说法。

在现代社会，从根本上说，点头是一种礼节性的问候或者答复。

例如在电视访谈节目中，经常可以看到电视节目主持人在嘉宾讲话完毕之后微笑着点头作为回应，从而使嘉宾能够得到肯定而更愿意滔滔不绝地继续说下去，而在不同的话题点点头，则可以诱导嘉宾需要深谈的话题讲得更多，从而使节目达到更好的访谈效果。

不仅仅在访谈类节目中，在竞争日益激烈的职场、公司选聘人才时，点头也被广泛地运用。当今社会的招聘早已经不是单方面的求职，取而代之的是主客双方的双向选择。在招聘现场，如果主考官面无表情、吝于点头，很容易使应征者增加紧张感，无所适从，感觉自己不受重视而不愿多谈，只愿草草结束面试。这样的话，从公司的角度讲，公司无法充分了解应征者的目的；而从应征者个人的角度来讲，错失了一次应聘上岗的机会。相反，如果主考官能在面试时频频点头给予应征者肯定，就比较容易引起应征者的谈话兴趣，认为对方"已能明白或接受我的说法""他在鼓励我继续说下去"，从而主考官能了解到更多有关于应征者的信息，应征者也会从交谈中更加了解公司，知道公司招聘的方向和培养员工的目的。对招聘双方都有百利而无一害。

点头也有很多技巧。如果不了解点头的技巧，就不能体会到点头技巧运用后交流的改观。既然不能让点头这一动作发挥它的作用，就更不用说去充分运用它了。如果能恰如其分地运用点头的技巧，不仅会让人感觉到你自身很强的沟通能力，更会让你的话更有说服力。

研究表明，不同的点头频率往往能够反映出聆听者的耐心程度。例如，在双方谈话过程中，如果倾听者缓慢而有节奏甚至伴有深思地点头，通常表示对谈话的内容很感兴趣，或者认为对方所述内容很有道理，有继续倾听的愿望。所以当谈话者在表述自己的观点时，我们应该适时地向对方点头以示赞同，同时表现出认真深思的态度。一般而言，如果倾听者每隔一段时间就向说话人做出点头的动作，就会激发说话人的表达欲望，让谈话者比平时健谈3~4倍。而如果倾听者点头频繁而急速，则可能表示对方已经对谈话的内容不耐烦了，想让你认为他已经完全接受了你的观点，这个话题可以结束了，或者是对方也在急于表达自己的观点。

在谈话当中，如果谈话对象针对谈话的内容和音律而适时地点头，表示其对谈话内容的赞同和肯定。但是如果谈话的内容和点头的动作并不相符，即该点头时不点头，不该点头时漫不经心地点头，往往表示对谈话的内容已经不感兴趣，听话不专心，或者是已经另有所思、有所隐瞒。退一步说，即使你并不同意对方的观点，但适时地点头给予对方以肯定，也极有利于建立友善而良好的人际关系，赢得肯定及协作。

交谈的时候，如果你提出了问题，那么在听取对方的回答时，你要边听边点头，并且在对方回答问题已经完毕之后，还要继续再点五次头，频率大致保持在一秒钟一次。大量的实验告诉我们，通常情况下，在对方回答完毕之后，你点第四次头时，对方会再次开口说话，提供给你更多的信息。而你现在需要做的，可以做的，就只是静静地微笑着一边聆听一边点头，同时把手放在下巴的位置，表现出认真思考的样子。

点头的动作还具有两个强有力的功能。

第一，点头的动作有利于激发积极情绪。

积极的情绪和点头是互为因果的，如果你怀有积极或者肯定的态度，那么你说话的时候就会频频点头。反过来说，假如你在说话时刻意地做出点头的动作，那么你的内心同样会体验到积极的情绪。换句话说，积极的情绪能够引发点头的动作，而点头的动作也能激发积极的情绪。

第二，点头的动作还具有相当的感染力。

在《辛德勒名单》这部影片中，辛德勒在刚出场的那个酒会上，频频地对达官贵人点头致意，结果那些人就很快地有意无意地掉入了辛德勒的影响力里。在现实生活中，如果有人对你点头，而你也以点头的动作作为回报了——即使你并不一定同意这个人的所作所为，那么，你们之间已经建立了友善的关系，这正是点头动作所创造的神话。同时，在跟别人谈话时，也可以在每句话结束前添上一个反问短句，例如，"您觉得呢？""难道不是吗？""你也是这么想的吧？""这没有什么不对，是吗？"或者"是这样的，对吧？"说的同时，伴随以不失时机地点头，聆听者往往会和你一起做出点头的动作，这样你就成了交谈王国的国王，你可以随心所欲地交谈。这就是点头动作的巨大的、神秘的、难以解释的感染力。

摇头的奥妙

将头水平地从一边转到另一边就是最常见的摇头方式，它也是最普遍的否定姿势。与点头一样，摇头的含义是广泛而一致的，只有在一些特殊的文化里才表示肯定的含义，例如保加利亚人和印度人就这样使用。

进化生物学家们认为，摇头是人们降临人世后学会的第一个动作。它可以追溯到人们的婴幼儿时代，当母亲给孩子哺乳的时候，如果孩子吃饱了，就会躲开母亲的乳房。即使母亲将身体向前倾斜，他们也不再感兴趣，而是左右轻轻摆头。这时就表明，孩子在拒绝哺乳了。与之类似，幼儿吃饱了以后，也会用摇头的动作来拒绝长辈们喂食的调羹。所以，摇头的动作，似乎是人们出生时就具备了。随着人逐渐成长，演变成了拒绝和不赞同的符号。此外，有时人们会用摇头来表示某种无奈。例如，当某位病人因抢救无效而去世时，做手术的医生会一边摇头一边走出手术室，面对等待的家属表明"已经无能为力了"。虽然医生没有说什么，但家属一般能立刻明白其中的含义。

在另一些情况下，摇头则表示"不可思议""惊讶"的意思，例如，北京奥运会开幕时，面对鸟巢的精妙设计，很多外国人张开了嘴，做出摇头的动作，表达了对鸟巢设计的惊叹赞许以及不可思议。

在日常生活中，如果你看到一个人经常摇头晃脑的，你或许会猜测他是不是得了"摇头病"。不过，如果撇开这种看法而从身体语言的角度来看的话，你就会发现这种人往往特别自信。他也会请你帮他办事情，但很多时候，你做得再好他都不怎么满意，他只是想从你做事的过程中获取某种启发而已。在社交场合中，这种人一般很会表现自己，但却时常遭到别人的厌恶。不过，他们对事业一往无前的大无畏精神，倒是被很多人欣赏。

最后，当有人对你的意见表示赞同，并且努力让这种赞同的态度表现得诚实可信时，你不妨观察一下他在说话的同时有没有做出摇头的动作。如果一个人一边摇着头一边说"我非常认同你的看法"或是"这主意听起来棒极了"，又或是"我们一定会合作愉快"，那么不管他的话显得多么诚挚，摇头的动作都折射出了他内心的消极态度。所以，要是你足够聪明的话，最好多留个心眼，仔细品读一下这摇头间的奥妙。

歪着脑袋传递的信号

歪脑袋到底意味着什么呢？有哪些不同的含义呢？

姑娘在情人的肩头歪着脑袋，一般代表的就是依赖和撒娇；小孩子们则常常是表示好奇或者是聚精会神地倾听的姿态。例如有的家长说自己的孩子："宝宝年纪小对什么都好奇，总喜欢扭头到处瞅人，特别是歪着脑袋看着你的时候，那时'萌'得让人心软。"同时，我们可以联想到我们小时候，有事没事都会爬到父母的旁边，舒适地把自己的小脑袋依偎在父母的身上，是一种标志性的撒娇行为。不仅人类是如此，动物也是。例如，刚满三个月的小狗听到或看到吸引它注意力的新事物（如新的狗屋、第一次见面的其他动物）时，头也会歪向一边。

歪着头这一动作，不仅仅表达上述的"依赖、撒娇、好奇"的意思，也表示一种遭到责问后的为难。例如，我们对某种事物、问题不能理解或感到莫名其妙时，常常会不由自主地做出歪头动作，有时候还会用手掌贴住太阳穴附近、耳朵之前的位置，表示正在专心于对这一事物的思考。由此可见，歪着脑袋有时候也是一种表示"疑难"的信号。

如果在生活中我们看见有人把头部向一侧倾斜的斜度很大，甚至暴露出了喉咙与脖子，显得有气无力的样子，那么，很显然，这个人已经放弃了无谓的反抗。这个动作是缴械投降的意思，基本上表示此人在对抗对方的问题上已经彻底放弃，从而完全听从对方的安排。当然，也会有已经死心的意思，表示自己的不情愿，但又无可奈何的想法。

拍打头部的寓意

大家一定对这个动作非常熟悉，当我们突然想起某事的时候，都会"哦"的一声，同时伴随着拍打头部的动作。那么，拍打头部这个肢体动作到底有哪些寓意呢？通过这个动作我们可以判断出对方的什么样的心理特点呢？

解读别人的心理并非易事，需要特别细致的观察和思考。在不同的情境下准确解读不同的身体语言，需要我们有长期的积累。

下面我们来看一下心理学家们总结出来的有关人们在拍打头部的心理状态。

1. 用手接触头部

一个人用手接触头部，他的内心一般都隐藏着某些没有公之于众的事情。他有可能是在怀疑、隐瞒、不确定和忧虑，或者是撒谎。如果想要确切地了解这个人的想法，真正确认这个人所焦心的事情，就必须要仔细观察对方的每一个手势，并且从整体上来分析。

2. 拍打头部

拍打头部，多数时候的意义是在懊悔和自我谴责。在法制节目中,我们经常会看到追悔者,他们一边痛哭流涕、寻求原谅,一边用力地拍打头部,好像自己的所作所为的罪魁祸首不是他这个人,而是做出这个决策的脑子。

除了上述的意思之外,我们自己常常因为突然意识到或者想起某事、某人而拍打头部。一般还伴随着"哦,我想起来了!""哦!对!对!""对的,是这样的,是的。""看我这记性……"

特别是我们见到很多年未见的老同学时,大家彼此看着好面熟,好像和自己有某种渊源。可是你想不起来对方的名字,有可能对方也想不起你来。如果对方给你一些提示语,比如说"我们一个宿舍的,你还老说我唱歌好听来着",当你终于在头脑中搜索出来这个人时,一定会"哦!是你呀!好多年不见了……"这时你的手部动作,在你说这句话的同时应该正在用手拍打头部,这是一个你自己都没有意识到的动作。如果对方没有提示你,你们礼貌性地打了一个招呼就分道扬镳。而在某一天,某个时刻,你正干某事的时候,你突然又想起来了这个人,你也会拍打自己的头部,问自己"当时我怎么就没有想起来呢?"

出人意料的是,还有些人存在着拍打头部的习惯性动作。美国谈判协会的杰勒德·尼伦伯格先生发现,在拍击自己的头部时,习惯于拍击后颈的人很可能个性较为内向或者为人比较刻薄;而那些习惯于拍击前额的人则可能更加外向而且容易相处得多。

倘若你的朋友中有人经常做这样的动作,经常性地用手拍打后脑部,可能说明一点,你的这个朋友不太注重感情,而且对人有些苛刻。他可能会是因为你有被利用的价值而和你在一起，在表面上和你做朋友。如果你继续观察下去，你还会发现，这种人有很多方面比较独特，做事另类，但对事业很执着，并且对新生事物有极强的好奇心。在生活中，对于这样的人，你不得不多加提防。

而如果发现有个人时常拍打自己的前额，那么可以对此人放心了。拥有这个动作的人的性格与上文中拍打后脑的人的性格截然相反。这类人一般都十分老实憨厚、心直口快，十分值得信任。他们不仅为人坦率、真诚，在朋友中有很好的人缘，而且，他们在生活中十分富有同情心。他们怜惜每一个生命，珍惜自己的每一分拥有。他们极不具备"要心眼"的细胞，因为，他们从心底里认为，自己做的是正确的，是正面的，这是毋庸置疑的，而与他的思维相背离的观点都是不应该的。他们特别反感喜欢投机取巧的人，讨厌阿谀奉承，从里到外都相当正直。当然，你也可以趁机利用他们的这个特点，你可以知道他所知道的一切秘密，因为他们向来"知无不言，言无不尽"。他们无疑是你打听事情时的最佳人选。

凡事有利有弊，对你口无遮拦，也就有可能对别人也口无遮拦，因此，如果不是最好的朋友，最好不要对其"言无不尽"，虽然他们是很好的倾听者。如果和这种人做朋友，他们也会是你最好的朋友，绝对不会背叛你。

人的每一个动作，点头、低头、拍打头部等，有时候这些动作看起来很不经意，如果你不认真观察，甚至你都意识不到，实质上，都包含着一个人的内心情感。我们从这些细节上分析一个人的心理时,最好具体问题具体分析,从整体上进行把握。

低头不等于退缩

通常情况下,在犯错误时人们会下意识地低下头,羞愧的时候会默默无言地低下头,自卑的时候会不由自主地低下头,偶遇恋人的时候也会自然而然地低下头……

然而,低头等于退缩吗?

前面我们讲到过,抬头表示一种极端的状态,抬头的表现有"仰天大笑""仰天长叹"等。那么,低头呢?低头又都表示什么样的情感?又分为哪些类型呢?

低头时,一般都掩饰着下巴,似乎有一种屈居人下、畏畏缩缩的意思。所以,许多人为了保持自己的权威,即便遭遇到自己难以解决的困难,也还要"顽固"地处处示人以"强",因此很少会有低头的姿态。

一个人低头的时候,可能是认错的表现,可能是自卑的表现,可能是求助的表现,当也可能是掩饰慌张情绪的表现,还可能是表示排斥之意。

比如,幼儿园的小朋友打完架被老师叫到办公室,面对老师,一般都是低着头灰溜溜地站着不动,由此可以看出,低头是一种认错的态度;我们上学的时候,常常有同学家里很穷，什么也吃不上，穿的也很破，这样的同学都习惯性地低着头，像是害怕什么似的，这显然就是自卑；看过《三国演义》的人应该都记得张飞每次遇到不顺心意的状况都会低着头气冲冲地冲到刘备住处，高喊："大哥……"然后开始诉说观点，这是一种求助的态度；在生活中我们也常看到，在一些人做了亏心事时，就慌慌张张地低着头到处走，这是掩饰自己的慌张、紧张情绪的表现；再如，你去拜访一个人，对方似乎在专注于某事，连头都不抬一下，那显然是一种不欢迎的排斥态度。

低头的温柔含义，心理学研究证明，习惯于低头的女性通常比较内向而温柔。除此之外，低头也会使人显得缺乏自信，这样的女子一般特别细心，也很体贴，比较受男士欢迎。

同样，一种姿势分别由男人和女人表达出来后效果又不同。如，低头的同时头部微偏，这是一个很简单的动作，可是如果男士做这个动作，往往表示的是一种静静地思考。如果身处职场，你会发现这个动作相当普遍，办公室里的男性的大脑往往都处于高速运转状态，这种动作就会在无形中做出来。女性也有喜欢做这个动作的，如果只是偶尔做出这样的动作，意思同男性。而如果这个动作已经成为她的一种习惯，那么这个动作通常表现的是一种好奇心，值得一提的是，这样的女性比较固执，对问题比较喜欢追根究源，有时候会略微有些难缠。

上面所讲的低头的含义有很多种，这是一般化的姿势语言。在生活中，只要认真观察，你会发现低头的更多含义，这些含义都不是经常性的，但是在一定的场所，我们都曾做过。如领导开会，不管领导是在慷慨激昂地演讲公司的规划，还是在圆睁双眼愤怒地训斥，下属们一般都会低头做出很认真倾听的姿态。这时候的低头，含有尊重，含有谦卑，含有敬畏，甚至还有一些识时务的感觉。

第二章

眉目传情：眉眼传达的心理信号

眉毛的"动作"所透露的心理信号

眉毛能在一定程度上展示我们内心深处的感情变化。

过去曾有人认为眉毛的主要功用是防止汗水和雨水滴进眼睛里，其实不然。眉毛本身是有这种功能，但更重要的是与表情相结合，传递身体语言。每当我们的心情改变，眉毛的形状往往也会跟着改变，这可以被称为"眉毛的动作"。眉毛的动作所产生的重要信号有以下几种：

1. 扬眉

人们常用"扬眉吐气"一词来形容被压抑的情绪得到舒展而快活如意的心情。当眉毛扬起时，会略向外分开，造成眉间皮肤的伸展，使短而垂直的皱纹拉平，同时整个前额的皮肤挤紧向上，造成水平方向的长条皱纹。扬眉这个动作，能扩大视野。但同时也要认识到，一个眉毛高挑的人，正是想逃离庸俗世事的人，通常会认为这是自炫的傲慢表现，被称为"高眉毛"。当一个人双眉上扬时，表示非常欣喜或极度惊讶，单眉上扬时，表示对别人所说的话、做的事不理解、有疑问。当人们面临某种恐惧的事件时，可以用皱眉来保护眼睛，也可以用扬眉来扩大视野，两者都对我们有利，但只能选择其一。一般反应是：面临威胁时，牺牲扩大视野的好处，皱眉以保护眼睛；危机减弱时，会牺牲对眼睛的保护，扬眉看清周围的环境。

2. 低眉

当人们受到侵略的时候通常呈现出这种表情，因为这是一种带有防护性的动作，通常只是要保护眼睛免受外界的伤害。

很多人都把一张皱眉的脸视为凶猛的象征，而很少想到那其实和自卫也有关系。而真正带有侵略性的、一张无所畏惧的脸上，呈现的反而是瞪眼直视、毫不皱缩的眉。

3. 皱眉

皱眉可以代表很多种不同的心情。例如：惊奇、错愕、诧异、快乐、怀疑、否定、无知、傲慢、希望、疑惑、不了解、愤怒和恐惧等。

眉头深皱的人，一般是很忧郁的。他们基本上是想逃离目前所处的境遇，却经常因为某些原因不能如此做。如果一个人大笑的同时皱眉，说明这个人的心中其实是有轻微的惊恐和焦虑。他的姿势中泄露出明显退缩的信息。虽然他的笑可能是真的，但无论他笑的对象是什么，都给他带来了相当的困扰。

皱眉的情形包括防护性和侵略性两种：防护性的皱眉只是保护眼睛免受外来的伤害。但是光皱眉还不行，还需将眼睛下面的面颊往上挤，眼睛仍睁开注意外界动静。这种上下挤压的形式，是面临外界攻击、突遇强光照射、强烈情绪反应时典型的退避反应。至于侵略性的皱眉,其基点仍是出于防御,是担心自己侵略性的情绪会激起对方的反击,与自卫有关。真正侵略性眼光应该是瞪眼直视、毫不皱眉的。最常见的皱眉,往往被理解为厌烦、反感、不同意等情形。

4. 耸眉

耸眉指眉毛先扬起,停留片刻,然后再下降。耸眉和眉毛闪动的区别就在那片刻的停留。眉毛闪动是不会停留的,而耸眉却会。耸眉还经常伴随着嘴角迅速而短暂地往下一撇,脸的其他部位没有任何动作。耸眉所牵动的嘴形是忧伤的,有时它表示的是一种不愉快的惊奇,有时它表示的是一种无可奈何的样子,此外,人们在热烈地谈话时,会做一些小动作来强调他所说的话,当他讲到重要处时,也会不断地耸眉。

5. 斜挑

斜挑是两条眉毛中的一条降低,一条向上扬起,这种无声语言,较多在成年男子脸上看到。眉毛斜挑所传达的信息介于扬眉与皱眉之间,半边脸显得激越,半边脸显得恐惧。扬起的那条眉毛就像提出了一个问号,反映了眉毛挑怀疑的心理。

6. 打结的眉毛

一般是指两条眉毛同时上扬及相互趋近。这种表情通常预示着严重的烦恼和忧郁,比如一些患有慢性疼痛的患者就会经常如此。而急性的剧痛产生的是低眉而面孔扭曲的反应，较和缓的慢性疼痛就会产生眉毛打结的现象。

7. 闪动的眉毛

眉毛闪动，是指眉毛先上扬，然后在瞬间下降，像流星划过天际，动作敏捷。眉毛闪动的动作，是全世界人类通用的表示欢迎的信号，是一种友善的行为。眉毛先上扬，然后在瞬间内再降下来，这种向上的、闪动的快速动作，是看到其他人出现时的友善表情。

当两位久别重逢的老朋友相见的一刹那，往往会出现这种动作，而且常会伴随着扬头和微笑。但是在握手、亲吻和拥抱等密切接触的时候很少出现。

眉毛闪动除了作为欢迎的信号外，如果出现在对话里，则表示加强语气。每当说话者要强调某一个词语时，眉毛就会很自然地扬起并瞬即落下。

8. 眉毛迅速上下活动

这样的动作和闪动的眉毛很类似，一般说明一个人的心情愉快、内心赞同或对你表示亲切。

9. 眉毛的完全抬高

表现出的是一种"难以置信"的神情。

10. 眉毛半抬高

表示"大吃一惊"的神态。

11. 眉毛半放低

一般这样的动作都用来表示"大惑不解"。

12. 眉毛全部降下

表示的是"怒不可遏"的状态。

13. 眉头紧锁

表示人的内心深处忧虑或犹豫不决的状态。

14. 眉梢上扬

表示有喜事降临的意思。

15. 眉心舒展

表明这个人的心情坦然,处于愉快的状态中。

瞳孔:最真实的心灵之窗

科学研究发现,眼睛是大脑在眼眶里的延伸,眼球底部有三极神经元,在眼球后方感光灵敏的角膜含有 1.37 亿个细胞,像大脑的皮质细胞一样,具有综合能力,将收到的信息传送大脑,在任何时间均可处理 150 万个信息,人的感情自然能从眼神中反映出来。 瞬间的眼神能表达丰富的感情和意向,泄露心底的秘密，眼球的转动，眼皮的张合，视线的转动，综合产生奇妙的眉目语。

人类在母体的胚胎里时，眼睛是大脑的延伸。眼睛是随着发育和分化才移出颅腔的。但实际上，眼睛仍旧是反映大脑和身体机能的平台。而在眼睛里，瞳孔是最核心的生命机能指示器，其条件反射作用全世界大约都是相同的。瞳孔的大小会发生变化，这是人所共知的事实。环境暗了，就要更多地采光，因而瞳孔会扩大；而在明亮的日光下，就会收缩到大头针的针头那样大小。那么，在亮度恒定的条件下，人的瞳孔会不会产生大小变化呢？答案是肯定的。

20世纪，科学家埃克哈特·汉斯就研究了在种种视觉刺激下瞳孔大小的变化。

在埃克哈特·汉斯初期的实验里，他让男女受试者观看五种照片，来调查瞳孔大小发生何种变化。其结果是：男性的瞳孔在看到女性的裸体写真时更大；女性的瞳孔在观看仅遮盖身体一部分的体格健壮的男性和婴儿的两张照片时更大。照片具有的各种刺激性决定了瞳孔的条件反射作用。

人的瞳孔的收缩和放大，是人不能自主控制的，真实地反映复杂多变的心理活动，如果一个人感到兴奋、喜悦、惊奇时，他的瞳孔就会比平常扩大四倍；也就是说，身体在极度亢奋的状态下，瞳孔会自然变大。如果遇事生气、讨厌时，他的瞳孔就会缩小。例如，一个失意的人走在路上的时候，他对外界的任何景象都不关注，瞳孔不断缩小，甚至在视线中，外界的环境都变得模糊起来。瞳孔的变化，恰恰是人们心理活动的高度显像屏幕，无论是消极、戒备、愤怒、排斥，都将让瞳孔变得很小，而瞳孔这样的变化往往又是无法用意志来控制的。

另外，根据调查发现，在恋爱中的男女，在注视对方时瞳孔也会扩张，并且双方也会因为对方的瞳孔扩张而激动。此时，人们认为瞳孔扩大的眼睛是富有魅力和吸引力的。

20世纪80年代，埃克哈特·汉斯使用女性收缩瞳孔的照片和仅扩大瞳孔而不改变其他的修正照片做的实验就证明了这个观点。他把几个女性的这两种照片放在一起，让男性受试者观看后做出评价。结果，男性对瞳孔较大者全部都有好感，对瞳孔较小者全都评价不高。

所以，在古代的埃及，女性常常使用一种药水颠茄液来扩大自己的瞳孔，突显眼睛的美感，以增加对异性中的吸引力。

瞳孔的扩大还能激发人的兴趣。一些喜欢在深夜写作的人，通常都喜欢在暗一点的光线下工作，这正是因为在弱光下瞳孔扩大，从而激发自己更大的兴趣。

在眼部化妆方面，与古代人相比，现代人可以说有过之而无不及：眼睑膏、眼霜、眉笔、眼线笔、睫毛膏、假睫毛、美瞳等，甚至每一种化妆用品还有门类齐全的各种型号，也有人用有色隐形眼镜来改变自己瞳仁颜色。

由于瞳孔的扩大和缩小和人类的情绪有极大的关联，人们的情绪信号又都会在瞳孔的变化中得到体现。所以，很无辜的瞳孔就成了人们的内心的"出卖者"。

双眸：灵魂的镜子

宋代王观的《卜算子·送鲍浩然之浙东》："水是眼波横，山是眉峰聚。欲问行人去那边？眉眼盈盈处。"说的是，水像美人流动的眼波，山如美人蹙起的眉毛。要问朋友去哪里呢？到山水交汇的地方。古罗马诗人奥维特也曾说："沉默的眼波中，常有声音和话语。"而一个人的眼波指的就是人们频频流转的双眸。

双眸，作为一个生理器官，从中还可以看出一个人的精神状态：一个健康、精力充沛的人的双眸通常明亮有力，双眸转动灵活交替，眼光清晰、水分充足；一个疲劳的人双眸就会显得乏力无味、目光呆滞、眼光浑浊；一个乐观的人双眸通常充满笑容，善意十足；一个消极的人往往双眸下拉，不敢正视别人的眼光。

著名剧作家奥斯卡·王尔德猜测，悲观主义者和乐观主义者用不同的眼光看待世界。心理学家研究发现，悲观主义者的双眸常常往下看，他们的大脑工作得更好，乐观主义者的双眸向上看时，他们的大脑会转得更快。这个发现表明，因痛苦而引起的畏怯心理会对人起作用，他们也许产生悲观的思想，如果人总是低着头做事，就会更加悲观地进行思考问题；如果他们抬头向上看的话，就会乐观得多。

心理学家早已证实这一猜测是正确的。德国著名心理学家梅赛因曾说：眼睛是了解一个人的最好工具。

孟子在《离娄章句上》第十五章中有一段观察人的眼神来判断人心善恶的论："存乎人者，莫良于眸子。眸子不能掩其恶。胸中正，则眸子嘹焉；胸中不正，则眸子眊（眼睛昏花）焉。听其言也，观其眸子，人焉瘦（藏匿）哉？"

这句话是说：想要观察一个人，最好就是观察一个人的双眸流转。一个人的双眸隐藏不了他内心的丑恶。一个人如果心中充满正气，双眸就会澄澈清明；心胸中没有正气，双眸就会显得无神，甚至昏花；如果听一个人讲话，就观察他的眼睛，那么这个人的内心往何处躲藏呢？

由此可见，我国春秋战国时期的孟子早已了解了人们双眸的重要性。心之所想，不用言语，从双眸中就会找到答案，这是每个人无法隐瞒的事实。双眸是眼睛的窗户，它毫不掩饰地展现你的学识、品性、情操、趣味、审美观和性格。戏剧表演家、舞蹈演员、画家、文学家、诗人都着意地研究人们的双眸，认为它是灵魂的一面无情的镜子。一个敏锐的人，总是善于捕捉人们瞬息万变的眼神，洞察对方的内心。

著名的人力资源管理专家刘晓英教授说：一个诚实的人的双眸是自信的，说谎的人的眼角会不自觉地往上翘或者双眸转动速度比说话的节奏快，很多大公司企业主管在面试时都能发现这个特点。面对一个诚实的人，他的双眸坚定浑厚，眼神沉重踏实，你会觉得他对自己的行为有着坚定的信念；他的叙述充满了说服力和感染力，让人不容置疑。

双眸，尤其是女人含泪的双眸，作用更不需言表。

电影《克莱默夫妇》里，为争得对儿子的监护权，夫妇俩对簿公堂，当听证与辩护对克莱默夫人不利时，她抬起那双闪烁着泪花的双眸，直勾勾地望着丈夫，双眸里透露出处于绝望无援中渴望丈夫念夫妻恩爱之情的求助感。此时，任何言语，任何动作，都不及这双双眸诉说的力量。

双眸放出的神采，它的类型很多：心胸博大、为人正直的，眼神明澈、坦荡；心胸狭窄、为人虚伪的，眼神狡黠、阴诈；志怀高远的，眼光执着；为人轻薄的，眼光浮动。因为克己，眼神内敛；因为贪婪，眼神暴露；正派而敏锐使眼光如利剑出鞘；邪恶而刁钻则使眼光如蛇蝎蛰伏。渊博的人，眼中透出了悟；无学的人，眼中似乎只存疑窦。自信者，眼神坚而毅；自堕者，眼神晦而衰。

既然双眸能映射出人内心的感受，那你是否能在见到对方的双眸时，就可敏锐地捕捉到其内心的话语呢？

一个内心恐惧的人双眸会直愣愣地大睁着，好像要把那预示着迫近危险的最细微的动作都看个一清二楚。这种状态下，发出动作者的下眼皮很紧张，但同吃惊的情绪不同的是，感到恐惧的人的面部表情很不一样，他们的眉毛抬起并锁在一起，呈水平线形态。

人们在吃惊或有防备的时候，会把双眸睁得特别大，再加上一些面部表情，例如，眉毛会抬起，且向上弯曲，而下颌下垂，双唇分开。在你看到这些现象后，就可以完全肯定，这个人正在震惊中。

当某个人直接盯着另一个人，显示出紧张的眼部状态时，他的上下眼皮也会很紧张，双眸眯成一条缝。他用双眸盯着别人，用以宣泄内心的感受，甚至达到吓唬对方或威胁对方的目的。

若你与某人谈话，他眯起双眼，皱起前额，并不住地对你进行打量，那么他在怀疑你说的话。他希望用双眸的审视在你身上找到蛛丝马迹，以肯定自己的判断。由于其主要表达一种不确定、不认可的态度，所以这种情况也经常出现在当某人对他的某个决定没有十分把握的时候。

眼球转动表达的意思

很多时候我们夸一个小孩子聪明，会说："你看这个孩子，眼睛滴溜溜地转，多可爱！"在日常生活中，我们也常常转动眼球，这是什么含义呢？

首先，我们来了解一下眼睛的构造。

人的眼球前端突出，前后直径约为 25 毫米，横向直径约为 20 毫米。它是由眼球壁和折光系统两部分组成的。其中，眼球壁有三层，外层呈白色，包括角膜和巩膜。角膜是约占眼球球面 1/6 的透明部分，厚约一毫米。巩膜是眼球后部起保护作用的部分。中层是脉络膜，其中前面有环状虹膜，中间是瞳孔。内层是视网膜，拥有大量的视锥细胞，附着在眼球外侧的肌肉用来调整眼球的朝向。

那么，眼球的运动形式有多少呢？都可以表达什么样的内容？

"眼睛是心灵的窗户"，可是眼睛是怎么样扮演好这个窗户的角色的呢？其实，很多情况下，人们通过调整眼珠的朝向来表情达意。

按照眼珠的朝向分为上、下、左右、中，以及快速转动五种。眼珠向上为仰视，向下为俯视，向左、向右为斜视，中间为平视，快速转动眼球的视线不固定。

仰视，一般表示对某人的仰慕、崇仰的态度。《诗经·小雅》中有"高山仰止，景行行止"一句，郑玄注解说："古人有高德者则慕仰之，有明行者则而行之。"同时是童心和好奇心的信号，因此，在西方人们经常用英语"孩子"这个单词的第一个字母 C 来代替。

俯视，因为这种眼光里有关切、体贴的成分，很像是父母对待子女的眼光，所以，在西方人们经常用英语"父母"这个单词的第一个字母代替。

眼球向左右移动也很常见，人们习惯上认为眼光居中是诚实的表征，而左顾右盼则与贼眉鼠眼较接近。斜视的话，很可能是希望在做某件事时，不被别人看出来。同时，人们在思考问题的时候，目光常常向左右移动，这是在查找记忆里的档案。

人的大脑分为左右两个半脑，左半脑是直觉脑叶，处理空间、形象和整体感等信息。右半脑是理性脑叶，用来处理语言、数学和理性的信息。研究表明，人们在思考问题时，目光会向左右两边移动。目光向左移动的人，可能是在使用右半脑处理信息。大约75％的人目光总是向一个方向移动，具体是向左还是向右移动，可能与个性有关。人们一般在思考时才移动目光，所以，如果你问对方一个不用思考的问题时，他也移动目光，那十有八九说明他不想让你那么轻易地获得这一信息，或者说，他想向你撒谎。

平视，因为这种眼光里带有冷静和理智，像是能独立自主的成年人，所以，在西方人们经常用英语"成年人"这个单词的第一个字母 A 代替。

快速转动眼珠的人，头脑灵活，思维活跃，目标快速变化。他们找不到令自己满意或感兴趣的人或事物，而他们的失败往往是由于意志力不坚强，不能善始善终。

视线的交流是沟通的前提

一个人的视线可以从不同角度和不同的观点来了解。其一，对方是否在看着自己，这是关键；其二，对方的视线是如何活动的。对方直盯着自己，或视线一接触马上撇开，其心理状态是迥然不同的；其三，视线的方向如何，也就是观察对方是否以正眼瞧着自己，或以斜眼瞪着自己；其四，视线的位置如何，这是观察对方究竟是由上往下看，或者是由下往上看等；其五，视线的集中程度。这是指观察对方是专心一致在看着自己，还是视线缥缈，不知究竟是在看什么地方等。这些表现所代表的意义是各不相同的。

对方是否在看着自己，亦即有无视线接触，说明对方是否对自己有好感或兴趣等。如果对方完全不看自己，便是对自己不感兴趣或无亲近感。相反，当我们在路上行走时，发现陌生人一直盯着我们，必定会感到不安，甚至会觉得害怕。

另外，不相识的人，从彼此视线偶尔相交的时候，便会立刻撇开。这是由于人们觉得，一个人被别人看久了，会觉得被看穿内心或被侵犯隐私权。当我们在等公共汽车，或站在影剧院卖票口排队买票时，多为背向后面的人，这种表现为人们所司空见惯，这样做，不仅是为了往前进，也是为了避免同不相识的人视线相交。但也有面对面者，这些人多为朋友、夫妻、亲人、恋人等。这些人会彼此默许自己隐私权受到某种程度的侵犯，因此，他们偶尔会视线交错，便于相互言谈，心理沟通。综上所述，相识者彼此视线相交之际，即表示为有意进行心理沟通。

但若是这种情况发生在女人之间时，则具有不同的意义。因为，当女人不愿意把自己的内心体验传递给对方时，多半会产生凝视对方的行为。心理学家曾做过人们对视的实验，实验结果表明，如果事先指示受测者"隐瞒真意"，在受测者中，注视对方的比率，男人会降低，女人则反而提高。男人在未接到指示的情况下，其谈话时间内有66.8%的时间在注视对方；但得到指示后，却只有60.8%的时间在注视对方。至于女人方面，在接受指示之后，居然能提高到69%的时间在注视对方。因此，当在公开场所遇见女人注视自己过久的时候，不妨认为她可能心中隐藏着什么，要注意她言不由衷的真相。

透过眼睛移动的情况看心态

在交往活动中，眼睛位置移动情况的不同，其心态也大不相同。譬如，当上级与下级讨论工作时，上级的视线肯定会由高处发出，而且会很自然地直接投射下来。反之，作为下级，虽然并未做任何错事，但视线却常常由下而上，而且往往显得软弱无力。这是由于职位高的人，总是希望对下级保持其威严的心理作用。但也有例外，这与职位高低无关，而是性格原因。一般来说，在交往时，性格内向的人容易移开视线。美国的比较心理学家理查·科斯曾做过一项实验，让患有强度"自闭症"的儿童与陌生的成年人见面，以观测他面对成年人时间的长度。将成年人的眼睛蒙起与不蒙的两种情况相比较，发现儿童注视前者的时间，居然为后者的三倍。这就是说，双方眼光一接触，儿童会立刻移开视线。由此可知，性格内向的人，大都无法一直注视对方。

从眼神看对方心态举例：

（1）一直盯着对方的女性，心中可能有隐情；

（2）在言谈中，注视对方，表示让对方对自己所谈内容的注意；

（3）初次见面时，先移开视线者，表示希望处于优势地位者；

（4）被对方注视时，便立刻移开视线者，大都有自卑感或缺陷；

（5）看异性一眼后，随即故意移开视线者，表示有着强烈的兴趣；

（6）斜眼看对方者，表示对对方非常有兴趣，但又不想让对方识破；

（7）翻眼看人者，表示对对方存有尊敬与信赖；

（8）俯视对方者，想显示对对方的一种威严；

（9）视线不集中在对方，很快移开视线者，大都为性格内向者。

眼神交汇时绽放的光芒

通过眼神来传递情谊，是一种普遍的心理现象。只有当两个人彼此眼神相交时，才算是真正形成了互相沟通和交流的基础。眼神是心灵之窗，心灵是眼神之源。各种研究调查的结果表明，对话时的眼神大致有五个功能，即调整说和听的交替，观察对方的反应，表达意义，表达感情，传达对双方关系性质的信息。

说话者往往是先注视对方之后才开始对话，不久再移开视线。阐述完自己的意见，就会观察对方的反应，同时发出自己打算听取对方意见的信号，并再次注视对方。

对听话者来说，除了表达自己想要说话的意图，还要在对方阐述完一个意见后，及时看一下对方。一旦错过这一注视的时机，就等于奉还了自己发言的机会。例如，对方在讲话时，你低头做着笔记，当对方讲完后，你抬起头，对方就会知道你有话要说。

在谈话中，相互注视的情况一旦少了，意味着这种谈话缺乏双方或者某一方的积极参与而气氛尴尬，或者表明谈话到该结束的时候了。对方持续移开目光，是表示不感兴趣的信号，但有时却不过是因为对方有点害羞，或心情不佳，或有些疲倦。

说话时有着仓皇眼神、不断东张西望的人，会使人紧张。有时，某人匆忙一瞥的视线方向暴露了其眼下关心之事的线索。所以，在这种场合，人们总想尽快离开此人。

谈话之际，为了检视对方的关心度、理解度以及对这些话的容忍度也常使用目光。简而言之，对方对自己的注视程度成了判断此人注意力集中度的标志。

当谈话双方都陷入对某一问题的思考或者对临时出现的状况不知道如何反应时，一般都会相互移开目光。原因是伴随着精神向内集中，人们希望对视觉的刺激尽量减少，而且这时进入眼帘的任何东西都不能与自己眼睛的焦点保持一致。例如，不是很熟悉的男女在谈话时不小心进行了身体的接触，这时双方都会因为不知道如何反应而把视线移开，同时用不相关的话题把注意力岔开。

对话中，眼睛的另一个功能是听者和说者相互传达如何评价自己同对方的关系。根据调查，如果我们把自己的交流对象当作中等地位的人物，则自己的注视和对方的注视均达到最大限度；如果对方的地位极高，则为中等程度；如果对方地位很低，则达到最低限度。

在谈话对象是可信赖的人时，出自自己的注视更长更频繁，谈话对象是自己喜欢的人时也同样如此。然而，对讨厌的人，人们有时也进行冰冷的凝视。

对于求爱时眼睛的使用方法已经引起很多作家和学者的注意。对于企图保持更亲密关系的对象，无论男女均运用"暗送秋波"这种传统方法。一般而言，订了婚的男女，相互注视会增多；想从此成为亲密伴侣的男女之间，双目交视的时间也会来得更长。关于这一主题，海伦·布拉温所著的《性和独身女性》做了极为有趣的描述。其中提到：一个独身女子若在西餐馆等公共场所选中一个男子，她会直接深情地凝视其眼睛，然后，回过头来与同伴聊天或阅读杂志。接着，她会做出一种挂念的姿态，再度同样凝视那个人，随即垂下头来。如此往复三次，常常就会诱惑对方，引起对方对自己的兴趣。结论是：暗送"秋波"，至今仍是求爱者的制胜手段。

初次见面，人们想要了解对方，所能凭借的无非是眼神的交流。因此，即便是从未相遇过的陌生人，也能互相在对方的目光中寻找自己想要的信息——友善或敌意。实际上，第一次与陌生人的眼神接触，表达的还有很多。

在第一次的交谈中，适当的注视对方是符合社交礼仪的。尤其是一边谈话，一边注视对方的面孔，能够博得对方的好感。这样做的人，通常都有较好的人际关系和温和的性格，并且也容易成为较好的倾听者。

对于初次见面的人，若是出现一面谈话，一面闪躲目光的情况，就应当对他们加以关注。这种现象表明这个人内心另有隐情，他们或者是在隐藏自己的情绪，害怕别人关注自己，是害羞的表现；或者有愧于心，内心藏有秘密，所以害怕与别人的目光相遇。

而在一些特殊的场合，例如舞会、酒吧等，当异性之间第一次相遇时，其视线目标就可能关注在对方的不同部位。据科学分析，女性的周围视野较为宽阔，因此她们能够一眼就看遍男性的全身，而由于男性是管状视野，如果想要打量女性，目光就会上下移动得特别明显。所以，一面谈话，一面扫视对方身体的多是男性，人们做这个动作同其本身的性格都有关系。但是，频繁地做这种动作，则难免带有挑逗的意味，会给对方某种特定方面的暗示。

至于一面谈话，一面注视对方下半身和脚，这种动作通常被认为是很不礼貌的。因为这样让人们联想到行为不检点的人，或者思想肮脏者。人们对下半身的保护感通常很强，即使是无意地瞥见，也会令人反感。

同别人谈话时做出东张西望的动作的人，一方面，可能说明他对眼前人的第一印象非常差，讨厌和他继续谈话，本能地想要向其他地方看，以寻找逃避眼前人的方法；另一方面，他可能在同你谈话时，有自己的心事，正心不在焉，而东张西望，恰恰反映了他关注的人和事并不在眼前。

交际中的目光应用

眼睛是人体传递信息最有效的器官,它能表达出人们最细微、最精妙的内心情愫,从一个人的眼睛中,往往能看到他的整个内心世界,所以有画龙点睛之说。眼睛的作用比有声语言显得更为重要,更富有表现力和感染力。因此,哈佛大学行为心理学家基特恩斯认为,只有当你同他人眼睛对视的时候,交际的真正基础才能建立。在社会交往中,恰到好处的眼神应是友善尊敬、明澈坦荡、炯炯有神。运用眼神是一门极高的艺术,怎样才能恰到好处地运用眼神呢?

1. 要注意视线接触的向度,即目光的方向

在目光行为中由于人的文化水平不同、修养不同,对目光的使用和凝视行为会产生不同的影响,即使两者在"眼对眼"的情况下,目光所产生的感觉也是不一样的。有些人的目光能使你感到和蔼可亲,而另一些人的目光则会使你感到恐慌不安;有些人看上去就可以信赖,而另一些人则会显得狡猾奸诈……

当你注视对方脸部由双眼底线和前额构成的三角区域,反映出严肃、诚恳的心态,在洽谈、磋商、谈判等正式场合用,对方会感到你有诚意,你就会把握谈话的主动权和控制权。当注视对方脸部由双眼上线和唇中点构成的三角区域,

一般反映出随和、亲切的心态,会营造出一种社交气氛,让人感到轻松自然。这种凝视主要用于茶话会、舞会及各种类型的友谊聚会。当注视的对象是亲人之间、恋人之间、家庭成员时,凝视的位置在对方双眼到胸之间。交谈时要将目光转向交谈人,以示自己在倾听,这时应将目光放虚,相对集中于对方某个区域上,切忌"聚焦",死盯对方眼睛或脸上的某个部位,因为这样会使对方难受、不安,甚至有受侮之感,产生敌意,无意中积小恶而产生抵触、敌意情绪,很不值得。

2. 要把握视线接触的长度,即目光停留的时间

交谈时,与对方注视的时间一般占整个交际时间的 30%~60%;若不到 1/3 的话,则很难得到别人的信任;超过 60%,则不管是友好还是敌视,都反映出对对方的兴趣大于对他所说的话的兴趣。若对方为异性,目不转睛地注视是失礼的。

其实,这些现象都和一个人的凝视行为有关。这些不同的感觉主要出自于他人对你凝视时间的长短和瞳孔的大小。当一个人表现不诚实或企图撒谎时,他的目光与你的目光接触往往不足谈话时间的 1/3。如果某个人的目光与你的目光相接超过谈话时间的 2/3,那就可以说明两个问题:

第一,对方对你产生了兴趣,在这种情况下,他的瞳孔是扩大的。

第二,他对你产生了一种敌对情绪,或是在向你施加一种无声的压力,在这种情况下,他的瞳孔就会缩小。

3. 要善用目光的变化

要根据不同语境,灵活使用目光来表达自己内心的感

情。如在交际场合演讲时不时地用目光与不同角度的听众进行沟通；时而用扫视全场的环视法，时而用凝视一方的点视法。讲到兴奋时，让眼神发出兴奋的光芒；讲到哀伤时，眼睛低垂，让眼神呆滞一会儿等。

事实证明，当某个男士喜欢某位女士时，他就会较长时间地看着这位女士的眼睛，这位女士也就可能会喜欢上这位男士。所以，若想同他人建立起一种和睦友好的关系，在整个谈话所用的时间里，你的目光应该频繁和对方的目光相接，传达你的想法。尽管目光是无声的，可是在表情达意中却有意想不到的效果。

控制对方的视线

眼睛除了能够带给我们最为直观的感受之外，它本身也会对外界产生直观的反应。瞳孔实验就有力地证明了这一点：人们在看到喜欢的事物时，瞳孔会放大；在看到不喜欢的东西时，瞳孔则会缩小。

大多数教师讲课时喜欢将重点写在黑板上，在讲到某一点时，有的教师还喜欢用不同颜色的粉笔画线做出标记，这样做的目的是突出重点，这种方法就是一种对学生的视线控制，这种方法无疑会加强学生的注意力。只要我们经常有意识地使用这种方法，就能达到目的。

一个人在遇到事情时，只有瞳孔发生的变化，那他肯定是藏心的高手。他们即使内心波澜壮阔，外表也不动声色。但是对于绝大多数人来讲，他们在受到视觉的刺激之后，不仅瞳孔会发生反应，还会产生如视觉转移、眼神飘忽不定等状况。这样的人，就更容易被人识破，属于不善于藏心的那类人。

实验证明，视线控制对一个人的记忆力具有直接影响。

曾有这样一个实验，一个学院选了两个外语水平相似的班级，教给学生一个陌生的英语长句子。区别是在其中一个班教师把句子写在黑板上，并用彩色笔画出记号；而在另一个班什么也不写。同样在教了五分钟后让这两个班的学生背诵这个长句子时，结果前一个班有45％左右的学生能背诵，而后一个班却只有30％的人能背诵。由此可见，利用视线控制帮助记忆的效果比不通过视觉记忆的效果要好得多。这一结果证明，喜欢将重点写在黑板上的教师教的学生，要比只是口头讲授而不愿板书的教师教的学生记的内容多，而且更为牢靠。用视线控制法来传授知识以加深学生记忆的事例，在日常生活中到处可以见到。

为了最大限度地控制对方的视线，你可以用钢笔指着面前的材料，同时用语言进行阐释。接着，提起钢笔，把它放在你和交谈对象的眼睛之间。这一做法能够吸引对方抬起头来看着你，这样他就能更集中注意力地倾听，从而最大限度地接收你所传递的信息。要注意，当你讲话的时候，你的另一只手掌要张开，让他看得见。

控制对方的视线是一门特别高深的学问，这里没有什么固定的套路可言，只有活学活用，才能做到最好。

第三章

口鼻达意：口鼻显示的心理活动

摸鼻子意味着什么

美国几位科学家研究发现，童话故事里出现的一说谎话鼻子就增长的"皮诺曹症状"并非空穴来风，而是有足够的科学依据的。科学家解释说，当人撒谎时，他们鼻腔里的细胞组织就会充血，使鼻子较之平常更大、更红肿。几位科学家还表示，尽管上述变化可能不会过于明显，其他人也许用肉眼根本就无法注意到，但撒谎者本人却会因为鼻腔组织充血而感到搔痒并用手去抓挠，从而露出马脚，暴露了自己在说谎。

有趣的是，鼻子在人类表达情感方面也有很大的作用，例如表示轻蔑时就会嗤之以鼻；心里害怕而又悲痛时则会寒心鼻酸；意气风发、情绪激昂时，就鼻端出火；对腥臭肮脏的东西表示嫌恶时，会掩鼻而过。下面我们来看一则有关摸鼻子的小故事。

纪连海在新作《说康熙》中提到，历史上真实的吴三桂也常"自扪其鼻"。这是为什么呢？

1630年春，吴三桂和舅舅祖大寿从京城返回孤城宁远自己的阵地，打算截击后金兵。一天，吴三桂的父亲吴襄带领数百人外出侦察敌情，忽然与上万名后金的八旗军队相遇。八旗军为迫使其投降，采取围而不攻的计策。吴三桂眼看父亲被困，万分焦急，大胆向祖大寿请战。祖大寿见后金的八旗军人多势众，不敢派兵出城救援。

于是，吴三桂便带着二十来个家丁，提刀上马，亲自居中，左右各置家将一人，其余十八骑分作两翼，偷偷溜出城，冲入包围圈营救父亲。吴三桂拈弓一箭，射中一名八旗军队的将领，那位将官立即从马上跌落下来。吴三桂正要弯下腰割下其首级，不料那个将官忽然跳起，用短刀一下子就刺中了吴三桂的鼻梁。此时的吴三桂，手起刀落，将那个将官的首级砍了下来。接着，他与父亲吴襄兵合一处，迅速率众突围。而八旗兵认为明军是诱敌深入之计，不敢追赶，吴三桂这才突破重围，将父亲救回到城中。

本来，吴三桂"美丰姿，善骑射，躯干不甚伟硕而勇力绝人。沈鸷多谋，颇以风流自赏。"但在这次战斗中，吴三桂鼻子受到创伤而留下了轻微疤痕。所以，每当与人谈话不投合时，吴三桂就用手"自扣其鼻"，这已成了一种习惯。

说话时用手摸鼻子。摸鼻子的姿势是护嘴姿势比较隐匿的一种变化方式。它可能是轻轻地来回摩擦鼻子，也可能是很快地碰触。女性在做这种动作时，会非常轻柔、谨慎，因为怕脸上化的妆被弄糟了。

古人曾留下这么一句话："鼻子直通大脑。"认为鼻子是一种传达信号的工具。说谎时鼻子的神经末梢被刺痛，摩擦鼻子是为了缓解这种感觉。这是一种关于摩擦鼻子的说法。另一种比较可信的说法认为：当不好的想法进入大脑之后，人就会下意识地指示手遮着嘴，但到了最后关头，又怕表现得太明显，因此会很快地在鼻子上摸一下。摸鼻子和遮嘴一样，说话者在使用摸鼻子的姿势时都可能表示欺骗，在听者来说则表示对说话者的怀疑，不相信对方所说的话，正在考虑如何应对，或有所不满，或情感有所抑制。摸着鼻子沉思，说明对方内心斗争激烈，处于犹豫不决的境地。

不过，我们必须牢记一点，触摸鼻子的手势需要结合其他的身体语言来进行解读，有时候人们做出这个动作可能只是因为花粉过敏或者感冒了。

鼻子大代表能力强吗

拿破仑曾这样说："给我这样一个人，他的鼻子应该长得硕大丰满……每当我需要找别人完成任何有用的脑力工作时，如果没有其他合适的人选的话，我总是选一个鼻子长得长长的人。"这当然是就力量和洞察力方面来讲。

氧气是能量形成的主要动力。正是氧气与血液和体内的养分相混合，才使人们有能量行动。从这个意义上讲，鼻子大的人就是能吸进大量氧气的人，这种人往往比其他人具备更大的能量。所以，非洲人的鼻子大多是短的、呈扁形，鼻孔宽而大，直通肺部。这种扁鼻子被称为凹入型。这是与当地的气候条件相关联的。与此相反，在寒冷地域的人，如盎格鲁撒克逊人的鼻子样式则与非洲人大不相同。他们的鼻子通常长得比较长，这样就可以使稀薄的冷空气进入鼻孔后，在鼻腔中预热一下，然后才被吸入肺中。

文学作品中把很多人描写成鼻子朝天，好像一切都在他们之下。如"他鼻孔朝天，一副自高自大的神态""他仰起鼻子露出轻视的表情""他鼻尖朝地，对世界不屑一顾的样子"等。不妨想象一下这种表情：鼻子朝天、神气活现而又不直接正视别人。你会感觉这些人鼻头那么大……看起来真的"好气派"！

一般来讲，这样子的"大鼻头"是不想和你交往，希望占你的上风。

同时，这种姿势表示出一种傲慢的态度，这样的人一般希望看你的头顶而不是与你的目光接触。

从生理学角度来看，气势汹汹确实能使鼻孔加大张开。生气的话，因为气流变强，鼻头也会变大。

人们常称赞妇女具有"雅致的鼻子"。人们通常认为漂亮的、娇柔的女子的特色一般为漂亮的小鼻子——翘起的狮子鼻、纽扣形的鼻和上翘的鼻子。但是，目前并没有普遍证明长有狮子鼻的女子就缺乏争强好斗的精神或竞争实力——你可能注意到某些女高级官员、女政治家和女社会活动家，她们生着的就是个小鼻子，但其自尊心和能力都很强，而且也并没有普遍证据证明鼻子大的女子其能力或人格就一定很强。

总的说来,鼻头大和能力联系并不密切,但是却和性格紧密相连。

嘴唇的无声语言你懂吗

人类的嘴巴是件很神奇的器官,不仅能发出千差万别的声音,还能做出千姿百态的动作。不要小看这些动作,有的时候,嘴唇上一个微不可察的小动作,可以告诉你比从其口中说出的话更多的信息。所以,当你留心观察一个人的嘴唇动作时,你会发现,同一张嘴巴居然在同一时间内说着两种完全不同的话。

1. 咬嘴唇

咬嘴唇常常是一种压抑内心的愤怒或者怨恨的表情。基本上这是一种表达敌意的安全方法。摇头的时候咬着下嘴唇是非常愤怒的表现。

另外,当我们遭遇失败等情形时,也会做出"咬嘴唇"的动作,这可以说是自我惩罚型的身体语言。有资料显示,二战时期的英国首相丘吉尔在谈论纳粹德国领导人希特勒时就经常不自觉地咬嘴唇。

2. 捂嘴

美国北部流传着这样一句谚语:"爱说谎的杰克捂嘴巴。"由此可见,这是说谎话的一个固有动作。通常当孩子说谎的时候,会用手捂着嘴,企图收回那句脱口而出的谎言。长此以往,就变成了一种自然的反应。捂着嘴可能是一个说谎的标志性动作。就像孩子们捂着嘴的时候想说的是:"我不应该那样说。"当成年人说话的时候用手捂着或者摸嘴唇,他很可能没有说实话。如果你想搞清楚别人是不是喜欢听你说的话,看看他们是不是把食指放在嘴唇上就知道了。

需要注意的是,"捂嘴"与"挡嘴"还是有区别的。也就是说,"挡嘴"除了含有说谎的意思外,还有提醒对方注意什么的意思。

例如,两个人正在一起议论单位的是非,这时,其中一个人看见他们单位的头头走过来了,于是他伸了一个指头在自己的嘴唇前一竖;另一个人虽然没看见头头走过来,但他明白了"有情况",就停止议论或放低了声音。另外,"挡嘴"还有要求对方听话后保密的意思。

在单位或者小餐厅的角落中经常可以看到这样的情形:一个白领装扮的女性对另一个女性说她老板的坏话,说老板长得不帅,人也不好,又很好色。说完后,用手指把嘴一挡,"我给你说的这些,你可千万别和别人说""放心吧,这事儿我一定会替你保密的,我绝不会告诉第二个人的!"

像上述这种遮掩嘴唇的动作往往也代表拒绝与对方情感传达的情况。根据一项实验显示,针对嗓门大而又滔滔不绝地说话的人，把头往后仰同时做出用手捂嘴的动作时，对方便会慢慢地关闭话匣子。由此得证，尽可能远离对方与挡嘴的动作被视为"我没有心情跟你瞎扯，请早点离开吧"的信号，能产生极好的拒绝效果。

3. 撅嘴

通过研究发现，人们在攻击对方的时候，经常会"撅起嘴"说话。了解此种嘴唇动作、形态之后你会发现，这一动作其实是一种对对方的话表示不以为意或不动声色的否决性动作。假设我们正在说话，也可据此判断对方是否注意听我们说话。一个人在注意倾听别人说话时，嘴唇两端会呈现稍稍拉向后方的状态。当人的嘴唇往前突撅的时候，可能是一种防卫心理的表示。如果在谈生意时，对方不断做出这种动作，你就要考虑改变方式了，因为照此谈下去，可能没有什么进展了。

4. 舔嘴唇

人们舔嘴唇会有很多原因，可以说明某人没有说实话或者某人感到很紧张。通常当人们感到紧张的时候，嘴唇会变干，所以他们会不由自主地通过舔嘴唇来产生唾液。喝酒或抽烟很多的人嘴唇经常会干，所以他们往往也爱舔嘴唇。

另外，当一个人对某件事物有企图心却又不敢言明的时候，也会不由自主地舔嘴唇。例如在珠宝展示会上，准备下手抢劫的劫匪在动手之前，就会盯着价值连城的珠宝不停地舔嘴唇咽唾沫。所以，有时候这也被看作一种贪婪的表现。

5. 抿嘴

一个人坚定不坚定，从说话时的嘴形上便可看出来。 如果某人说话时，嘴常常抿成"一"字形，这表明他是个意志坚定的人，有股不达目的誓不罢休的顽强韧性。 这样的人对某一件事情，一旦自己决定要做，不管要付出多少艰辛，最终也会非常出色地完成。 根据这一发现，如果你是一个老板，在交给部下去做一项棘手的业务时不妨注意观察他的嘴形。

拉动嘴形的微笑

微笑是人类最基本的动作。 微笑，似蓓蕾初绽。 真诚和善良，在微笑中洋溢着感人肺腑的芳香。 微笑的风采，包含着丰富的内涵。 它是一种激发想象力和启迪智慧的力量。 在顺境中，微笑是对成功的嘉奖。 在逆境中，微笑是对创伤的理疗。

微笑也是人类特有的动作，微笑可以分为很多种。

窗口服务行业的职员微笑，确实是赢得顾客、达成交易、生意兴隆、利润丰厚的一种附带条件。 这表示微笑是推销自我的一种必然神情，是保护自我、完善人格的一种良好武器。 公关美女的微笑更是一门高深的体态艺术，她既能笑靓自身，也能笑靓周围；既能推销自己，也能推销别人；既能张扬好的货物,也能兜售差的东西,好像真正成功的公关小姐不用很多的语言,却需要无限的微笑。 同样一个舞女、一个歌手、一个参赛选手要想赢得观众、赢得评委、赢得成功都得见长于微笑效应。

人在庄重场合的成功、胜利时的喜悦心情,不好暴露得太直接,只有用言之不尽的微笑来表示。 如"小巨人"姚明和"乒后"王楠在奥运会领奖台上的微笑正是如此。

微笑可以解救被动中的尴尬局面,是化解无奈的灵丹,是缓冲困感的妙药。 两个冲突的客个体,如果出现了微笑,也就减缓了将发生的紧张气氛,冷却了两颗将要爆炸的心,化解了很多不愉快的事;一对刚刚产生了矛盾的伙伴,再见面时如都感到不好意思说话,还是微笑先解救了他们的关系;一个拳王出乎意料地败下阵来,微笑可以显示他的风度、掩饰他的尴尬、预示他今后的信心和胜利。

朋友在一起时的自然微笑,是结交的愉悦心情的流露;而朋友分离时送上一个依恋不舍的微笑,蕴含了言之不尽的美好祝福和无限的牵挂。 陌生人在相见时微微一笑,可以减少隔阂,增加信任,放松气氛,临时打造一座沟通的桥梁。

领导对群众的微笑,可以拉近与下级和群众的距离,增加亲密感和信任感,甚至会赢得威信和好的口碑;有些场合下,可以稳定军心、鼓舞士气、增加斗志、强化战胜困难的信心。 像中国女排教练陈忠和的微笑就给了队员们很大的鼓励和斗志。

大人对孩子的微笑,可以缩小年龄差距,增强忘年交流的深度，也是成人带动孩子、感化孩子、教育孩子的良好前奏。

两性之间的微笑，可以消除原本的戒备心，可以增加相互的吸引力，也可以获得更深层次的交流和更加亲密接触的信息。热恋中的男女微笑，更有解释不完的含义和只有两人才知晓的秘密。

最美的唇形是在向两侧拉动嘴唇的同时，上扬嘴角的微笑。如果不能充分扬起嘴角，我们所呈现的将是神经兮兮的、让人感觉很不自然的微笑。

下巴也会"说话"

心理学家认为，除了从下巴的形态上可以找到一个人的性格密码以外，还可以从下巴的不同动作中看出其当时情况下的心理状态，得到其他的一些重要信息。下巴的动作虽然轻微，但传达出的讯息却十分丰富。

1. 表示无聊的下巴

假如某人用手托着下巴，那么这意味着此人是想集中注意力，或者把注意力集中在说话的人身上。尽管此人是一副若有所思的样子，可实际情况是他感到很厌烦，所以只好支撑着脑袋，让自己精力集中一些。

2. 表示厌倦的下巴

手平展，轻叩下巴下面数次。做出这一动作的人一定是感到十分厌烦。最初它表示某人吃得过饱。现在，它更常用于暗示某人有厌倦之感，而不是已经吃饱。

3. 表示不屑的下巴

下巴上抬，同时眯着双眼或者向着对方"眼观鼻"。此为"摆绅士架子"，表示对对方很不屑，这种姿势直到今天依然有人效仿。

4. 表示生气的下巴

生气的人下巴往往会向前撅着，一般表达的是威胁或者敌意。这首先会让我们想到那些不想按照吩咐做事的小孩子们撅起的下巴。在回答"不"之前，他们做的第一件事就是撅起下巴。我们大多数人会把这个动作带到成人时期。当我们被冤枉或者要责备某人的时候，我们会不由自主地撅起下巴。在和别人谈话的时候，可以通过观察对方的下巴来判断他是不是生气了。

5. 表示恐惧的下巴

如果某人缩着下巴，那么此人表现出的是恐惧。往后缩的下巴是一种保护性的反应，这很像乌龟把头缩进壳里。在看恐怖电影的时候，我们往往缩成一团，下巴都要缩进脖子里了。假如你看到某人缩着下巴离开，那么他可能害怕你或者感觉受到了你的威胁。

6. 表示全神贯注的下巴

当某人轻轻地、慢慢地摸着下巴，就像摸着自己的胡须一样时，说明此人正在精力非常集中地倾听别人说话。

7. 表示批评和势利的下巴

当某人非常苛刻而又爱品头论足时，他往往会抬起下巴，传达一种"我比你强"或者"你根本不知道自己在说些什么"这样的信息。

8. 表示怀疑的下巴

当某人怀疑你说的话时，常常会摸着或托着下巴，下意识地克制自己不告诉你：他不相信你。听者做摩擦下巴的姿势，实际上他是在说："想告诉你我不相信你，出于礼貌，我又不想说。在说与不说之间，我很矛盾。为缓解矛盾，我得做一个轻缓的自我安慰动作，而摸摸下巴可以让我放松自己。"说话者往往不会注意此种复杂信息，只一个劲儿地唾沫横飞，对这一暗示视而不见。

9. 表示否定的下巴

如若某人只是漫不经心地以一只手的指背轻弹下巴下面数次，同时头向后仰，这说明他可能对你所谈论的内容感到无趣，甚至对于你本人都持有否定的态度。如若不然，则是他想要表现出盛气凌人的冷淡之意。

10. 表示聪明的下巴

如果你发现有人对你做出用拇指和食指横向夹住下巴的

姿势，那么说明你在对方的心中是充满智慧的。

11. 表示求助的下巴

当你发现别人用右手手指轻托下巴的时候，那么可能正是你观察的对象陷入窘境之时。此时此刻，他可能很需要你的帮助，却又不知该如何开口。

12. 表示嘲弄的下巴

拇指钩住下巴下面，用力向前抽动几次。这个姿势轻易不要尝试，因为它所表示的是嘲弄、叫嚣。

13. 表示侮辱的下巴

当你发现别人正对你用食指、中指沿嘴唇下沿往下搔下巴，这时他所表示的不仅仅是怀疑之情，甚至有侮辱你的含义。

14. 表示思考的下巴

一手轻柔抚弄下巴，做表示沉思的"拈须"姿势，这个无意识的动作非常普遍，即便没有胡须也会做出来。由于它与胡须有这么一种关系。所以，下巴刮得干净的男人做这个动作较女性常见得多。此外，这个动作还有敬重的含义。

从下巴的动作看心理

人的消极情感(如怯懦、惧怕)或积极情感(如执着、勇敢)是与下巴的生理构造及动作密切联系的。心脏的神经末梢是延伸到下巴里面的,也即说人体中的一种神经网是从心脏附近起始,然后经过肌肉而分散到下巴。

下巴即下颚的俗称,从解剖学的角度来看,是担任发声和咀嚼功能的器官。从外形上看来,男性从下颚骨到颧骨多带有稍许棱角,不像女性较为浑圆。所以男人不论如何改装成女人,男性化的下巴也很难瞒过别人的眼睛。

据说,有人从下巴的形状能推断出一个人的性格。比如,尖细的下巴表示神经质,多肉的下巴显示着养尊处优。虽说有一定的道理,但光从下巴的外观形状去判断,还是不够的,必须留意下巴的动作。

提到下巴的动作,我们最容易注意到的是,下巴的向前突出和往里收缩。一个人在重压之下,会做出伸长下巴的动作,扛大包的码头工人,挑重担的农民,都会不由自主地做出这样的动作来。这在生理上来说,是为了扯直脖颈,使呼吸更为畅通。从身体语言的角度来看,突出下巴的动作,属于攻击性的行为表示,可看作有"扑上去狠揍他一顿"的意图。身体语言专家认为,突出的部位,表示带着有意识侵犯对方势力范围的性格。下巴的突出也同此理，乃是用来表现自我主张的工具。

有趣的是，英语单词中的"下颚骨"（jawbone）在作动词使用时，具有"极力说服"的意思。同时，英语中把"住嘴"说成 Hold your jaw（缩起你的下巴）。

因此下巴突出的程度越大，则其自我主张的程度也就越高。比如，"颐指气使"的态度，俗称"眼睛长在头顶上"的人，都是在尽力地伸长和抬高自己的下巴。采取这种动作的人，心中自认为对方低自己一等，自己很明显地站在优势地位上，而且很有把握地认准自己的主张是无人反对的。

一个自满或者傲慢的人，在走路时就会把下巴抬得高高的，即人们所说的"高视阔步"或"趾高气扬"的姿势，这也是大独裁者墨索里尼所采用的姿势。

人们在发怒时，经常将下巴伸向前方，这也可以看成他想把自己的愤怒情绪扔向对方的一种攻击性欲求的表现。另外，下巴突出不明显的男性，乃是缺乏自我主张的人。所以，人们在漫画中，总是把富于竞争性的美国画成翘着下巴的"山姆大叔"。特别有趣的是，漫画家还让"山姆大叔"的翘下巴上长了一绺山羊胡子，这就使得"山姆大叔"的翘下巴更为显眼。

在生活中，也有人为了显示自己的威严，而精心蓄留胡子的，这是为了使下巴更为突出。

伸出下巴是为了表现自我，那么，缩紧下巴，又含有什么意思呢？

当外国贵宾下了专机，在《迎宾曲》中检阅三军仪仗队时，那些仪仗队的士兵们个个保持着直立不动的标准姿势。他们保持头部正直、缩下巴、两眼直视前方、挺胸、缩下腹、两手自然下垂的姿势，表现出了"泰山崩于前而色不变"的军人气概。

这种由军队严格训练出来的姿势，很明显地表达着它的意思。缩紧下巴的动作和直立一动不动的姿势一样，也是一种顺从心态的表现。它表示，不仅不敢侵略对方的势力范围，而且有意地缩小自己的势力范围，甘愿接受对方的侵入。它表示绝对服从。

国外的一些父母，往往告诫孩子们在客人的面前，必须缩起下巴，否则就会显得太没有礼貌。

除了下巴的本身动作外，和手配合，下巴亦能发出一系列的信号。

当一个人陷入沉思之际，往往会无意识地抚弄下巴。当人得意扬扬时，也会摸着自己的下巴。如何区别抚弄下巴时这两种不同的心态呢？这就要结合其他动作来看了。从身体语言学的观点来看，这往往是属于自我亲密性的表现。当人在丧失信心、不安、孤独、话不投机的尴尬处境下，借着触摸自己的肉体，来掩饰心态，安慰自己。

雕塑家罗丹所塑造的不朽的艺术品"沉思者"，就采用了手托下巴的姿势，谁看了这个雕塑，会去怀疑这不是一个在深深地陷入沉思的形象呢？

当一个人表现出极大的兴趣和注意力时，也会采用手托下巴的姿势。比如，小孩子坐在台阶上，会用这样的姿势看着台阶下大人们的活动；青年人和老人也会坐在街边椅子上采用这种姿势注视游行队伍或孩童们的戏耍。

有时候,你以批判性的态度在评估对方时,会把手指捂着脸而用手掌托住下巴,也有用食指伸在脸颊上而用拇指托住下巴,其他手指蜷曲着放在嘴唇和下巴之间的,采用这种姿态的人,思想是严谨的,而且持有强烈的批判态度或想用截然相反的意见去说服对方。

第四章

指间风云：手指暗含的心理密码

拇指的动作暗含的寓意

身体语言学家认为拇指代表坚强的性格和以自我为中心。拇指被用来显示控制权、优越感，甚至"侵略性"。拇指的姿势是次要的，因为拇指必须和姿势搭配，才能显示其寓意。拇指的姿势是积极的信号，"冷静的"经理在部下面前经常会拇指朝上来显示其权威。讨好女人的男人在女性伙伴面前总是采用这个姿势；那些衣着打扮高贵典雅的人也是这样；衣着时髦的人比衣着破旧的人更经常采用这个姿势。

表示优越感的拇指的动作、姿势较为明显，如果我们仔细观察，一般容易察觉拇指的这一寓意。例如，律师用低沉温和的语调对陪审团说："陪审团的女士们和先生们，以我的愚见……"但与此同时，他却做出控制性的拇指姿势，把头往后仰，眼睛瞧着鼻子尖儿。这使得陪审团感到，这个律师是不真诚的，甚至是自命不凡的。如果这个律师想表现得谦卑，他应当在走近陪审团时，一只脚迈向前，敞开上衣，张开手掌，身体稍微前俯，对陪审团表示恭敬。

拇指常常从人们的口袋里露出来，有时从背后的口袋里神秘地露出来，原本是想掩饰自己的霸道态度。霸道的或者

"侵略性"的女性也采用这个姿势。女权运动使她们能够采取男性的许多姿势。除此以外，采取拇指姿势的人还往往踮着脚，以便使他们显得更加高大一些。

另一个常用的拇指姿势是双臂交叉、拇指向上。这具有双重信号：消极态度的信号（双臂交叉）和优越感的信号（拇指露出）。采用这种双重姿势的人通常突出拇指的姿势，并且踮着脚。

两个男人之间成功的、强有力的握手，保证了充分的接触，没有一个手会有后退的表现。如果说一方的大拇指——主宰手指——在施加压力的话，另一方也不甘示弱。

食指的动作暗含的寓意

我们从小接受的道德教育中，其中有一种就是不要拿自己的食指对着他人，这是一种不礼貌的行为。因为这种手势表示一种轻蔑，或者鄙视。

比如，我们在室外，想要喊一个人从室内走出来，如果使用食指轻轻地勾勾，打打弯儿，或许对方也会了解这个含义，跟你走出来，但是有可能这时候对方已经对你暗藏不满。

而从身体的结构上来看，食指是最敏感的。这就是为什么我们要触摸东西的时候，总是使用食指先试探一下。很明显，感觉灵敏的食指会为我们提供精密的信息。另外，我们同时使用食指和拇指还可以测定物体的结构。

谈话时经常使用食指的人，给人的印象总是在训人。举起食指，但是把手心对着说话人，虽然是打断别人的话："等等，我有个想法！"但还是显得那么突兀。

如果把手转成直角，那么食指的这个手势就变成了一种威胁信号，因为它可以进行劈、刺、钻等动作。如果食指自上而下，朝一个点刺去，那么这种气势就达到了淋漓尽致的程度。为了缓冲一下气氛，常常可以使用替代物：不是用食指，而是把铅笔作为手的延长器官，敲击要害部位。

心理学家告诉人们：不要对着你的谈话对象做出指指点点的动作。这样的姿势给对方一种压迫感，让对方觉得这个人咄咄逼人。所以，对方会自然而然产生一种消极的情绪，而消极情绪者是最难接受你的意见的。

为什么这个姿势会让人感到压迫和反感呢？因为用食指指着别人这个动作传达出了一种攻击性的意味。其他的手指蜷缩，伸出的食指就好像聚集了所有的力量，显得一触即发。争吵的双方会不由自主地做出这个动作，生活中就经常会有这样的场面：吵架的双方用食指指着对方，还不停地摆动手臂，让食指可以来回伸缩。食指在这里充当了"虚拟的武器"，想要给对方沉重的打击。

正因为单独伸出的食指会表达出这样的意思，所以我们最好不要做出这个动作，尤其是想要推销自己观点的人，如演讲家、推销员、谈判代表等。

在日常生活和工作中，使用这种手势总是会招来一些负面评价。为了改变形象，我们应尝试着改变自己的这一习惯。不过，已经形成的手势习惯是比较难改变的，假如你实在无法适应使用其他手势，不妨尝试着对这一手势进行改良。身体语言学家亚伦·皮斯给出了这样的建议：可以将原本伸直且突出的手指弯曲，顶住大拇指指尖，做出一个"OK"状的手势；或者将其他紧握的手指微微松开，使得你的拳头看起来不那么强硬。改良后的手势并不会影响你原有的权威性，却让你看起来显得更加温和而亲切。

中指的动作暗含的寓意

中指是人类手上的第三只手指，也是五只手指中最长的，位于食指与无名指之间。中指是当前流行的时尚元素，很多时尚人士都会将精心挑选出的戒指戴在中指上作为最佳搭配。

中指位居在五指中间，它因此有些性的寓意。将中指举起在世界不同地方（如西方）有粗口的不文明象征，示意侮辱他人；事物具有二重性，中指作为手语，展现给男性，是对男性阳刚之气的肯定，是对男性成功表现的赞美；展现给女性，多为精神取乐，也是对女性不尊和挑逗，说流氓、下流也有道理。

竖中指在中国并不被重视，但在外国是一种极其严重的侮辱别人的方式，相当于骂"fuck you"，这是一种很不礼貌的粗俗的表现，在外国球场上屡次发生。中指体现自我，哪个人不认为自己是世界的中心？所以，竖中指在西方是非常让人厌恶的。

在中国，大多数人对中指是没有什么特别的含义的。不经意间的举出中指发出信号，或者在谈话时触摸、抚弄或者按摩自己中指人，也往往是一种想要自我表现的暗示性身体语言。

戒指指——无名指

无名指也称戒指指，表示情感。它可跟具有自我表现的中指协同动作，也能单独表现出优雅的、柔情脉脉的气质。在谈话时触摸、抚弄无名指，表现了动作发出者对温情的需求。他们期待别人情感上的关怀，而不是理智上的解释。

既然无名指也称戒指指，在讲述无名指的同时我们就绕不过戴戒指这道弯儿。戴戒指是有讲究的。按西方的传统习惯来说，左手显示的是上帝赐给你的运气，因此，戒指通常戴在左手上。

至于右手，在传统上也有一个手指戴戒指时是有意义的，那就是无名指。据说戴在这里，表示具有修女的心性。

在古代，戒指最初并不是作为装饰品用的，而是宫廷中的嫔妃们每月避忌君王"御幸"时的一种特殊标志，故称为"戒指"。在今天，戒指已不仅是美化生活的装饰品，还成了爱情的信物。

国际上有一种约定俗成的戴法：戒指决不能戴在大拇指上，戒指戴在拇指上是十分奇怪的，因此不推荐，双手其他的各个手指都可以佩戴。

戒指戴在食指上，表示本人已有情人，想结婚而尚未结婚。戒指戴在食指上，感觉是比较有个人主张。

戒指戴在中指上，表示本人正在寻求对象或正处于热恋之中。最正式的戴法莫过于戴在中指上，如果不想有太正式的感觉，可以在左或右指再加一个简单的指环。

戒指戴在无名指上，表示本人已经订婚或已经结婚。无名指上的戒指通常是结婚戒指，无名指长得比较纤细，因此不管什么戒指，戴起来都是标准的秀气。

戒指戴在小指上，表示本人决心过独身生活，也就是表示本人终身不嫁或终身不娶。最新鲜的戴法，莫过于把戒指戴在小指头上。一枚小小的、简单的尾戒，让女性的手莫名其妙的可爱起来，一般代表"我现在只想单身，请不要浪费时间追求我"的意思。

不过在不同的地方，戴戒指的学问也不尽相同。比如意大利、法国等许多欧洲人都把结婚戒指戴在左手中指上，他们认为，人的十指中，唯有这个中指的血是通向心脏的，专司感情，称为心指。 结婚戒指只有戴在这个手指方能"心心相印"。 英国人的结婚戒指戴在左手的无名指上，而波兰人的"心指"则是戴在左手的小指上。

　　上述虽是约定俗成的规则，并不是法律条文，不必严格遵守，但是如果不了解这种戴戒指的常识，任意乱戴，可能会闹出笑话。

　　还有一种戒指，当你戴它的时候，无论你戴在哪里都不具备任何意义，这种戒指就是一般的花戒。 这种戒指是起一种装饰的作用，可以戴在任何想戴的手指上。

　　戴设计性比较强的戒指时，如果想更有个人风格，可以考虑搭配另一个材质相同、线条较简单的指环在另一指上。如果戒指的材质属性可以和手表搭配，那是最好不过的了。例如你戴的是枚可爱的花戒指，就可以配一只皮质金框的表。 在同一只手上戴两枚戒指时，色泽要一致，而且一枚戒指复杂时，另一枚一定要简单。 此外，最好选择相邻的两只手指，如中指和食指、中指和无名指或无名指和小指，千万不要中间隔着一座"山"。 如果你并没有太多可以变换的表或戒指时，不妨考虑把戴戒指的手和戴手表的手错开，不要让不协调的两件配饰在同一只手上出现。

手指交叉的心理信号

据调查，两手手指自然交叉相握时，左拇指在上者多倾向艺术或感情类别，如喜爱音乐、美术、装饰等。这类人讲究仪表，观察力较强，富有想象力，多数性格外向，情绪变化较大；而右拇指在上者多倾向理智或稳定类型，如长于数理、计算、逻辑推理，做事有耐心，情绪往往波澜不惊。

另外，当感到大脑迟钝、精力不易集中时，不妨把双手手指交叉地扭在一起。可能有的人习惯把右手拇指放在上面，有的人则习惯把左手拇指放在上面。哪只手的拇指放在上面，产生的效果是各不相同的，如左手拇指在上交叉一会儿后，要换成右手拇指在上。可能这样会感到不舒服，但这正是由于采取了与平时不同的动作，给大脑带来了一种刺激，由此可以促进大脑功能的提高。然后，使手指尖朝向自己，某只手拇指在上，从手指根部把双手交叉在一起，并使双手手腕的内侧尽量紧靠在一起。紧靠一会儿后，换成另一只手拇指在上交叉。这也同样会给大脑以刺激。一般交叉三秒钟左右就要松开；然后再用力地紧靠在一起，反复进行几次。

桑·费德曼博士在《言语和姿态的习性》中，声称交叉手指是"一种有魔力、避邪的姿态，不管邪是由心生或外来。"

在谈生意或社交场合，这种姿态比较常见，往往做得非常隐秘，很快交叉之后随即分开。在很多紧张的情况下，这个姿态被拍摄下来。当一方提出一项请求或要求时，就略为交叉手指，表示希望他的愿望得到认可。

第五章

掌中乾坤：手掌流露的心理语言

手掌蕴含的力量

在我们用来传递肢体语言信号的各个身体部位当中，手掌是最容易被我们所忽视的，但是，其作用却也是最大的。当我们为他人提供指示或发布命令，以及与他人握手的时候，我们内心的一些想法往往会通过手掌表现出来。只要使用方法得当，使用者完全可以利用手掌的力量，不费丝毫气力，就能悄无声息地达到自己的目的。

借助手掌来传达指示的动作主要有三种：手心向上、手心朝下以及有一根手指在外的握拳状。

手心向上是一种用来表示妥协、服从和善意的手势；同时，这也是乞丐乞讨时惯用的一种表达哀求之意的动作。从人类社会的发展角度来看，人们通常以此来告知对方：我的手中并没有武器。当你向某人提出移动某物的要求时，如果你的手心向上，对方肯定不会因为你的要求而感到有压力，更不会因此有被胁迫的感觉。

在经历了上千年的演变和发展之后，手心向上这一手势衍生出了不少变体，举起一只手并以手掌示人，以及将手掌按压于心口之上等等就是这一手势的衍生产品。

不过，一旦将手掌反过来，摆出手心朝下的手势，你在对方眼中的权威性就会立刻大变。就拿要求对方搬东西的例子来说，当你在说话时使用了手心朝下的手势，对方不仅会马上感觉到你是在命令他将这件东西搬走，而且很有可能会萌生出一种抗拒心理。不过，这种抗拒心理的产生最终还是由你和对方之间的关系，或是你与他在工作中的职位级别来决定的。假如你和对方的身份和地位平等，当你对他提出这个要求并做出了手心朝下的动作，那么他可能会拒绝你的要求。但是，同样的要求，如果你使用的是手心向上的他就很有可能会按照你的要求去做。不过，如果你是他的上司，那么，手心朝下似乎并不会对你的要求产生任何消极的作用，因为你本来就有凌驾于他之上的权力和地位。

当一对夫妻手牵手散步的时候，居于支配地位的一方——通常为男性一方会稍稍走在另一方的前面一点，而他的手也就自然而然地压在了跟在他后面的妻子的手的上方，其手心也就很自然地面朝后方。至于他的妻子，由于位置稍稍靠后，其手心也就会很自然地向前迎合丈夫朝后展开的手掌了。尽管这只是一个很小的细节，但是对于一名肢体语言观察者而言，所提供的信息已经足以让他判断出谁是这家的一家之主了。

第三种手势是合掌伸指。当你将手握成一个拳头，只留出一个手指时，这唯一的一个突出于拳头之外的手指就仿佛凝聚了整个手掌的全部力量，一触即发。当你在说话的同时将这根手指指向他人的时候，对方马上就会感觉到隐藏在手指背后的那种迫使人妥协的力量。这样的手势往往会在对方的潜意识中制造出一种负面的影响，因为该手势之后必然会伴随有举臂、挥拳等动作，而对大多数灵长类动物而言，这通常是攻击对方的前奏曲。

这种合拳伸指最容易引发听话人的反感，尤其是当这根手指随着说话人的话语节奏而抖动的时候，这种反感之意会变得更加强烈。

"摩拳擦掌"潜藏的真实含义

摩拳擦掌，在词典里的解释是形容战斗、竞赛或劳动前精神振奋的样子，这个词语表达了人们内心的一种微妙情绪。

人们在感到寒冷的时候，常常会摩擦手掌和双臂，以获取温暖。可如果不寒冷时，看到有人使用这个动作，很可能是另外一种意思——期待某事的发生或者成功，展现出一种无比期待的心情。

例如，晚会的主持人会一边摩挲着手中的话筒，一边说："现在，让我们请出下一位演讲者，听听他的高见吧！"工作中，一个推销员在经理办公室里，听说自己将接到一宗大订单，摩擦着手掌说"太好了"。不过，在酒吧里，当一位服务生在即将打烊之前走到你的身边，摩挲着手掌，对你说"您还想要点什么吗，先生"的时候，你可不要以为他真如此迫切地想为你服务。事实上，此时他的问话其实是醉翁之意不在酒，他真正目的是希望你能给他一笔数目可观的小费。

此外，用不同的速度摩擦手掌，还能表达不同的含义。急速地搓动手掌，表达发出动作者一种跃跃欲试的心情。例如，你在接受一份工作计划后，急速地搓动手掌，表明你有实施它的愿望，并可能马上采取行动。而慢慢地搓手掌，则表达发出动作者在遇到有决定性作用的选择时，犹豫不决，或者认为阻力很大，很难实现。 例如，当你向业务主管提交一份工作计划后，主管并没有发出任何声音，而是慢慢地搓动着手掌，这就说明主管对这份计划有所质疑，所以在他说话前，你在心理上需要有所准备。

　　人们摩擦手掌的速度还暗示了他们认为谁会成为此次会谈的受益者。 比方说，你想买套房子，便来到了一家房产经纪公司。 当你陈述完购房要求之后，房产经纪人一边快速地摩擦手掌，一边说："太好了，我手头就有一套你想要的房子！"在这里，房产经纪人希望通过这一动作让你知道你将会是这笔买卖中的受益者。 试想一下，如果反过来，当他在说这句话的时候，他摩擦手掌的速度十分缓慢，你的感觉会怎样呢？ 你很可能会觉得他隐瞒了一些事情，有些闪烁其词，或者，你甚至会觉得他希望此次交易的受益者是他自己，而不是你。

　　最后，需要提醒的是，理解每个动作的含义都不能离开它的使用背景。 在一个寒冷的早晨，当你看见某人站在车站里不停地搓手时，你可不要想当然地认为他正在期待汽车的到来，此时的他之所以这样做，仅仅是因为他感到很冷而已。

背握式的手姿

　　背握式的手姿，就是两手在背后相握，或者是一只手握另一只手的腕部，或者是一只手抓着另一条胳膊，但共同点都是置于背后。例如平常警察巡逻时，校长巡视校园时，有权力的人都常用这种姿势。

这是一种优越与自信的姿态。这种姿势以一种无意识的毫不畏惧的行为，暴露出易受伤害的腹部、胸部和喉部。

将手背在身后不仅可以作为一种权威的显示，还可以起到一种"镇定"作用。也就是说，当人们的精神处于极度紧张、焦躁不安的状况时，将手背在身后可以缓解这种紧张情绪。

背手的行为在学生中间也比较普遍。比如，当教师叫几个学生到讲台前讲话或背诵课文时，大部分学生会不由自主地将手往身后一背。事实表明，背手确实是一种有效的"镇静剂"，它不仅能缓和当事者的紧张情绪，而且也会使他显得落落大方，自在安然。

但是带着武器的警员很少用这种姿势，而是把手放在靠近臀部的上方。似乎武器本身就有足够的权威，因此不需要以手掌握手掌的姿势来显示权威。

手掌握手掌的姿势不应与手掌握手腕的姿势混淆。后者表示挫折与自我控制，一只手紧紧地握住另一只的手腕或手臂，好像是想防止那只手动粗一样，就是这种姿势导出了"把握住自己"的用语。推销员在拜访买主而被要求在柜台等候时，也常用这种姿势来掩饰自己的紧张，精明的买主很容易看出来。若是把这种自我控制的姿势变成手掌握手掌的姿势，就会产生冷静和自信的感觉。

如果细心观察，你会发现，那些有丰富经验、老练的经理们，在谈判桌上经常用"尖塔式"的手姿；走路时，又往往用"背握式"的手姿。这都表明他们老道成熟。跟这样的老板打交道，你决不会感到他们有半点慌里慌张的样子。当然，他们也一定要比那些慌里慌张的"小老板"们难对付得多。

紧握双手

最初，由于人们在做这一动作的同时，常常都是面带微笑，所以这一动作就被当作信心的象征。其实紧握双手的动作体现的是一种拘谨、焦虑的心理，或是一种消极、否定的态度。此外，这一动作也是英国伊丽莎白女王在出席皇室访问以及参加公众活动时最常用的手势之一。在做这一动作时，女王通常会将紧握的双手优雅地放在膝盖之上。

举起的双手如果握在了一起，即使做此动作者面带微笑，也难以掩饰心中的失落与挫败感。

谈判专家尼伦伯格与卡莱罗曾经针对这一动作开展过专项研究。结果显示，如果有人在谈判中使用该动作，则表示此人已经有了挫败感。这就意味着，在他的心中，焦虑与消极的观点开始蔓延。

通常来说，人们会在感到自己的话缺乏说服力，或是认为自己已经在此次谈判中落败的时候，做出紧握双手的动作。

紧握双手的动作大致有三种姿势：将双手举至脸部，然后握紧；将手肘支撑在桌子或膝盖上，然后握紧；站立时，双手在小腹前握紧。

　　双手紧握的位置的高低与此人心理挫败感的强烈程度有十分密切的关系。换言之，当一个人将两只手抬得很高而且双手紧握的时候，即双手位于身体的中间部位时，要想与他有进一步的沟通就会变得很困难。相比较而言，当他的双手位于身体下部的时候，想要与他交流就会显得更加容易。所以，一旦你发现对方将手放到了"雷区"之中，就需要像破解其他那些消极动作一样，立刻采取行动，用技巧解开原本缠绕在一起的手指。例如，你可以为他们提供饮品，或其他一些可以握在手里的物品。不然，紧握的双手就会和交叉的双臂一样，将你的所有观点和想法全都拒之门外。

交叉型的手势

　　交叉型的手势是一种两手的十指相互钳在一起的动作。如果使用的人面带微笑，且两个拇指还在不时地摩擦，则表明此人胸有成竹，很有信心，体现的是一种积极的、正向的身体语言。

　　另外，如果两手的十根手指死死地钳在一起，加上僵硬的表情，则表明这是一种受挫折的姿势，表示此人正在压制某种负面的态度。

　　比方说，一位推销员在向别人描述他刚刚遇到的一桩不成功的买卖时，如果他在说话时一字一顿，而且两手钳在一起，同时指尖发白，因为用力两只手像焊在一起一样，他这时的体态语言流露出的是挫折和后悔的态度。

一位上司，面对他的下属，两手钳在一起放在桌子上，表情严肃，即使你听不到他的声音，你也可以判断他在表达他的不满，不是在给下属训话，就是在布置重要的任务。

一对恋人，远远看去，其中一方两手钳在一起，放在胸前，低着头，这一负面的体态语言流露出的是有抵触的情绪。

像以上的例子，如果当事人直说心意，同时又不自觉地运用了这些体态语言，这就叫"心口如一"，即"我言即我心"。　现实生活中，并不这么简单，"口是心非"的情况时时处处屡屡皆是。　我们学习体态语言，就是要"观其行，知其心"。

比如，上面那位推销员，在向你报告他刚弄砸了的那桩买卖，是因为其他种种不可预知的客观条件造成的，与本人的主观无关。　如果你注意观察他那双死钳在一起的手，就可以揣测出他的自责和后悔之意。

那位在下属面前侃侃而谈的上司，也许说的是前段工作还不错，对大家还满意，提出进一步的希望和要求，表面感觉态度是温和的，如果你注意到他那双紧紧钳在一起的手，就足以判断出他强忍着不满情绪，极力在说服自己再给你们一次机会。

如果有人能从他的体态语言中"看"出这一点，接下来的工作就不可掉以轻心了。　有时我们对领导急风暴雨式的批评感觉"丈二和尚摸不着头脑"，还怪罪领导太不近人情，其实，领导的心头怒火已不是一天两天了，这次是总爆发而已，只怪你平时只听领导说了什么，从没观察领导的体态语言所流露出的内心真实想法。

显示不安的手姿

在生活与工作中，我们时常见到一些倒背着手的人，这里所指的背手实际上是手腕握手腕的背手姿势，不能将这种背手姿势同将手背在身后，用一只手握住另一只手的姿势一同视之。握手腕的背手姿势是一种表示沮丧不安并竭力自行控制的人体显示信号，这种背手的姿势实际上暗示了当事者在这种情景之中心神不安的被动状态。这样，他用一只手握住另一只手的手腕，证明他在控制自己沮丧心情的外露，同时，也是在掩饰自己。

哈佛大学心理学家卡恩斯认为，一个人握手腕或握胳膊的不同部位和当事者的沮丧程度也密切相关。比如，握住胳膊上侧的人，沮丧程度高于握住手腕的人。研究表明，登门走访顾客、等候顾客接待的某些推销员经常使用这种姿势，这是推销员企图控制他的紧张情绪的一种迫不得已的尝试。如果他将这种姿势转换成手握手的姿势，那么，他就会立刻给人一种从容不迫的感觉。

尖塔形手势

对肢体动作的理解离不开背景环境，就好像单词只有在句子里才有具体的含义一样。所以，我们必须将每一个动作还原到背景中去理解。不过，世事无绝对，尖塔形的手势就是该规则的一条例外。所谓尖塔形手势，也就是将一只手的指尖相对应地轻轻接触另一只手的指尖部位，形成一个尖塔形的手势，就好像是教堂里高耸的尖塔。你可以将通过指尖黏合在一起的两只手向内压或向外张，而岔开的手指加上手掌就像是一只大蜘蛛正在镜子上做俯卧撑。

尖塔形的手势经常出现在上下级之间的交谈中，而这一手势代表的是信心或是一种自信的态度。当上级指导下级，或是在给下级提建议时，通常都会在说话时使用这一手势。从事会计、律师以及管理工作的人更是对这一手势情有独钟。自信的高层管理人员经常会使用这一手势，以此体现他们的身份和自信，可以理解为他们对自己很有信心。惯于使用该手势的人有时候还会将它演变为一种祈祷式的手势，试图让自己看起来就像万能的上帝。总体说来，如果你想说服对方，或是赢得他人对你的信心，你就应当尽量避免使用尖塔形的手势，因为这一手势有时候会给人造成一种自鸣得意、狂妄自大的感觉。

不过，如果想使自己看起来显得胸有成竹，自信十足，那么尖塔形的手势也能帮助你。

总体说来，尖塔形手势分为两种：举起的尖塔，人们通常会在发表自己的观点意见或说话时使用该手势；放下的尖塔，使用该手势者正在聆听他人的观点和谈话。

比较而言，女性更加偏爱使用放下的尖塔手势。举起的尖塔手势如果配以头部微微后仰的动作通常会给人留下傲慢自大的印象。

虽然尖塔形的手势是一种正面的肢体信号，但是它也同样可以用于消极或否定的场景之中，而且通常会被人们误解。譬如说，你正在向某些人陈述自己的观点，而且对方中的许多人也通过一些动作和手势肯定了你的陈述，例如手掌摊开、身体前倾、点头等。然而，就在你的陈述即将结束的时候，有些人却开始摆出了尖塔形的手势。

如果对方摆出的是放下的尖塔的手势，在这样的情况下，你就应当谨慎处理了。如果当你向某人提供问题的解决方案时，对方是在做出其他一些肯定性的手势或动作之后，摆出了尖塔形的手势，那么，你大可以放心地继续你的陈述，并且提出"订单要求"。换一种情况而言，如果对方接连做了一些否定性的手势或动作，譬如交叉双臂、跷起二郎腿、东张西望或是用手托住了腮帮，然后才摆出了尖塔形的手势。那么，这就表示他接下来很可能会对你说"不"，从而结束谈话。

在以上两种情况当中，尖塔形手势的含义都相同，都代表信心，然而，对象却有所不同，所以才会导致两个截然不同的结果。所以，在这种情况下，尖塔形手势之前的动作和细节才是决定最终结果的关键。

第六章

臂膀形态：手臂泄露的心理信息

臂部显示的身体信号

早在远古时代，我们的祖先就已经学会了躲在障碍物后寻求保护的自卫方法。当我们还是孩子的时候，一旦感觉有危险，我们就会立刻躲到诸如桌子、椅子、家具等固定物体或妈妈的裙子后面。

随着我们逐渐长大，这种遇到危险就躲避的动作也随之变得复杂起来。六岁以后，我们就已经不能再像以前那样躲到桌椅背后了，于是，我们逐渐学会了将双臂紧紧交叉抱于胸前来保护自己的动作。当长到十来岁的时候，我们又学会了掩饰，知道可以通过稍稍放松手臂以及配合双腿交叉的动作，来隐藏环抱双臂这一动作的自卫性，从而掩饰我们内心的恐惧。

随着年龄越来越大，在我们的刻意掩饰之下，双臂环抱于胸前这一动作的防御性也显得越来越不明显。不过，每当感到有危险，或遇到不愿遇到的事情时，我们都会下意识地将一只或两只手臂交叉抱于胸前，用自己的肢体形成一道身体防线，抵抗外来的危险，从而达到保护自己的目的。交叉抱于胸前的双臂可以保护心脏、肺这些重要的生命器官，这一动作很可能源自人类天生的本能。猴子和猩猩在遇到正面进攻的时候，也会做出同样的动作来保护自己。不管怎样，有一件事情是可以肯定的，当一个人感到紧张不安想保护自己，或不愿接受他人意见的时候，很可能会将双臂交叉，紧紧抱于胸前，借此告知对方自己有些紧张或不安。

典型的双臂交叉姿势

标准交叉手臂姿势的特点是：双臂交叉，置于胸前大约第三和第四个纽扣之间，大致与人的两肩同宽，这是人们经常使用的一种姿势。我们常常见到在交谈或听报告时，有人喜欢将双臂交叉在一起，通常情况是用左右手分别抱住相反方向部位的手臂肘部，乍看上去，好似一种悠闲自得的神态。

而实际上，如果一个人摆出这种双臂交叉的姿势，他往往是在"隐藏"某种相反的观点。标准的双臂交叉姿势是一种随处可见的姿势，往往是表示防卫、拒绝和抗议。在一些诸如自助餐厅、电梯等公共场所以及众人排队等候的过程中，我们常常会看到彼此陌生的人们在感到不确定或不安全的时候摆出这样的姿势。当你将双臂交叉抱于胸前，就好比在你与对方之间筑起了一道障碍物，将你不喜欢的人或物统统挡在外边。

当然，这个动作也可以表示绝对的自信，并且作为这个含义的动作在日常生活中也很常见。

有个朋友曾经参加过本地政府议会所举行的一次辩论会。辩论的焦点是开发者在开发过程中的伐树问题。

所有与会的开发者都坐在房间的一侧,而"绿化环保人"则坐在房间的另一侧。他发现,在辩论刚刚开始的时候,将近半数的与会人员的手臂处于交叉状态;当开发者发言时,"绿化环保人"中保持这一姿势的人数比率迅速上升到了90%;而当"绿化环保人"开始发言,几乎所有的开发者都摆出了双臂交叉的姿势。

这一现象表明,当人们对所听到的内容持否定或消极态度的时候,通常会做出交叉双臂的动作。

许多演讲者之所以没能成功地将信息传递给观众,就是因为他们没有留意到观众们交叉双臂的姿势。而有经验的演说者都知道,当他们的观众摆出了这样的姿势,那就意味着他们需要驾驶一艘性能良好的"破冰船",击碎阻隔在自己与观众之间的冰山,用更好更新的方式吸引观众的注意力,改变他们的坐姿,将原本的否定态度转变为肯定。

对于双臂交叉抱于胸前的人而言,他不会轻易地走出自己的世界,而别人也很难融入其中。

因此,当你与他人交谈时,如果看到对方摆出了双臂交叉的姿势,那么你就应该立刻意识到自己是不是说了一些与对方观点不同的话。在这样的情况下,即使对方口头上表示赞同你的观点,你也已经没有必要再将谈话继续下去了。因为,他的肢体语言已经很明确地告诉你,他并不赞成你的话。事实就是,肢体语言远比有声的话语更加诚实可靠。

只要对方交叉的双臂没有松开,他就不会改变原本否定的观点。

这时，你的目标就是找出对方摆出这种姿势的原因，对症下药，尽快使对方改变姿势，转变态度。此时此刻，对方的观点与动作完全是相辅相成的关系：否定的态度决定了消极的姿势，而保持这一姿势又会使心中否定的态度得以维持和加强。

有一个既简单又有效的方法，可以帮你轻轻松松解开对方交叉的双臂：找一件物品让他握着，或是找一件事情让他做。譬如说，你可以在演讲的时候，给听众一支笔、一本书、一本手册、一件样品，或是让他们做一些书面测试，使得他们没有机会交叉双臂。同时，你的这些要求也会迫使他们不得不将身体前倾，使他们无法与你保持一定距离。所有的这一切无非只是想让听众们能够以一种更加开放的姿势聆听你的演讲，而这样做的目的就是希望他们能够以更加开放的态度接受你的意见和请求。

除此之外，在你说话的同时，让对方身体前倾，观看一些可视的影像文件，也是一种有效的解开对方交叉的双臂、令对方敞开心扉的好方法。与此同时，你也可以一边略微向前倾，伸出手臂（手应掌向上）一边说，"我看得出来你有问题想问……那么，请你告诉我，你想了解什么呢？"或者，"你意下如何？"然后，你再坐下，或是将身体向后靠，以此暗示对方轮到他们发言了。通过手掌这一无声的肢体语言，你传递的信息就是，希望他们能够坦诚相待，因为你已经首先以向上的手掌表明了自己的立场。

一次，有位人体语言专家在美国召开了一次特别会议。在会上，他故意诬蔑听众所熟知和敬佩的几位显要人物的人格。当他的有声攻击持续一段时间之后，他突然停止了讲话，并要求与会者保持他们正在采用的姿势。他发现，有90％的人采用了这种标准的双臂交叉姿势。

由此可见，将双臂交叉抱于胸前，这一动作似乎在传达着"我不赞成你的意见""嗯……你所说的我完全不明白""我就是不欣赏你这个人"等意思。研究显示，当听者交叉双臂时，他们不仅对谈话者有着比较消极的看法，而且对讲话内容的注意力也较差。

因此，作为一位演讲者，应随时留意听众的这种手臂姿势的变化，如果听众中交叉手臂的比例在逐渐上升，就要及时调整讲话的内容了，否则，一味地讲下去，会徒劳无功，不会有好效果。

个性直率的人通常肢体语言也较为自然和放得开。当父母对孩子说"到这儿来"，想给孩子一个拥抱时，一定会张开双臂，拥他入怀。试试看将双臂交叉抱于胸前对孩子说"到这儿来"，孩子们绝不会认为你要拥抱他，而是担心自己是否惹你生气，准备挨骂了。

抓握式的双臂交叉姿势

抓握式的双臂交叉法，显示出了此人的不安与紧张。这是另一种交叉双臂的方式，其最大的特点就是在交叉双臂环抱于胸前的同时，两只手紧紧抓住另一只手的上臂，增大了呈交叉状态的双臂的力量，使这一姿势更加牢固，从而能够更加有效地保护人体的胸部。

有时候，由于双手握住手臂的力气过大，以至于阻碍了血液循环，从而使得双手的手指和指关节都呈现出泛白的情况。人们可以通过这种自我拥抱式的双臂交叉法来安抚、宽慰自己。这种双臂交叉法多见于在医院候诊室里等候治疗的病人及其家属。除此之外，第一次乘坐飞机的乘客在等待飞机起飞时也常常会摆出这样的姿势以增强自身的安全感。

抓握式的双臂交叉法代表的是一种消极、拘谨、紧张的心理。在法庭上，原告很可能会采用上文中的握拳式的双臂交叉法，而被告则多会采用抓握式的双臂交叉法。

强化的双臂交叉姿势

强化的双臂交叉，就是将双臂紧紧交叉在胸前，双手紧握，给人一种强烈的内敛感觉。采用强化的双臂交叉姿势的人，常流露出敌意和防卫的态度。通常情况下，还伴随咬牙、脸红等面部表征。

这是一个情绪高涨的手势，使用者在努力加以克制的表现，如果处理不当，很可能爆发激烈冲突，甚至是肉搏。看到这种情况，你要做到心中有数，继而盘算好如何化解这种敌对态度。你可以先别理会，让他冷静一下，或者干脆走上前去，用坦诚的语言和动作，谨慎地征求他的意见，以利于问题的解决。

使用这种姿势的人，双手握拳，表示他内心的情感比较强烈；双臂交叉，置于胸前，表示他有一种防御和抵制的倾向。因此，该姿势有向两个方面转化的可能，要么对对方的观点强烈抵制，坚决不接受，但又努力克制自己，不将这种思想诉诸言语；要么就如上面所说，情绪最终爆发出来，导致对大家都不利的结局。

如果上述姿势稍加改变，将双手从双臂下拿到上面，并以双手握紧双臂，那说明此人的态度非常坚决，立场坚定，不易被说服，不会轻易改变方向。

如果一个人在双臂交叉的同时，露出向上竖立的大拇指，它所表示的基本含义是一种较为巧妙的、隐蔽的防御姿势。例如，某些机关工作人员在有陌生人进入自己的办公场所时，往往可能会摆出这样的姿势；但假如来人说自己是从比该机关更高一级或更有实权的单位来的，他就会放弃这样的姿势，使用比较谦和的有声和无声语言同来人交流。

伪装的双臂交叉姿势

人们双臂交叉抱于胸前的姿势会受到个人身份的影响。

一个有身份有地位的人很少会在众人面前摆出双臂交叉的姿势，借此告知他人"我一点都不害怕，所以我敢于将自己的身体暴露于众目睽睽之下，丝毫不畏惧他人的攻击"，从而体现他的身份和胆量。

有些人与外界交往时，心里紧张又不想让他人看出来，于是就采用一些与双臂交叉方式类同但更微妙、更隐蔽的姿势。这些人包括政治家、电视记者、采访员、外商，以及一切不想让他人觉察出自己紧张情绪的人。

心理学家认为，如同所有的手臂交叉姿势一样，这种伪装的手势也是一种自制行为。这种手势之所以伪装得巧妙，就是因为当事者不是将双臂交叉，也不是用一只手看似轻松地搭在另一只手臂之上，而是用手去触摸手提包、手镯、手表、衬衣袖口等与另一只手臂有接触的物品。一旦建立这样的姿势，就会使他们有一种安全感。

我们经常看到，那些佩戴袖扣的绅士们在穿越人较多的房间或舞会大厅的过程中调整袖扣的位置。不过，对有经验的观察家来说，这些姿势可以说是欲盖弥彰，因为它们并没有什么真实的目的，只不过想掩盖自己的紧张不安而已。

在掩饰一种紧张的行为方面，女人的做法要比男人更加微妙，更加隐蔽。当女人在众人面前感到不自然时，她们可以用一只手抓住诸如手提包、钱包或一束花等东西。此外，还有一种更加隐蔽的双臂交叉手势，这就是用一只手拿着一瓶酒、一本书或一张报纸，这样同样可以控制一个人的紧张情绪。

通过对许多社交场合的反复观察，我们发现，这些手势似乎人人都用，甚至一些显要人物也使用这种伪装的双臂交叉手势。

双臂的其他动作

将双臂高举并左右摆动，或将双臂伸直高举过头交叉摇动，表示欢乐、胜利或警告，这是双臂可以做出的最高的动作。在情绪比较激动时，人们也可能双脚跳起，以配合手臂的动作。

至于双臂动作具体所表示的是哪一种心情，只有配合面部表情才可分辨，这就要借助于对面部表情的观察。欢乐时面带微笑；发出警告的表情是焦躁不安。运动员取得冠军称号后，双手在头上紧紧相握，这是模仿拳击比赛中裁判握住优胜者的手高高举起的动作，在英语国家司空见惯，它是表示胜利和欢乐的双臂动作。在演讲时，演讲者将一臂高举过头，是为了配合演讲内容以吸引听众注意；在赛场上，运动员高举双臂是要求别人将球扔给自己。后者还是投降的表示，但此时面部表情是紧皱眉头，同时头部低垂。

有时还可以以双臂的动作做出指令：举起一只胳膊提醒别人注意，然后将胳膊平伸指向一方，其含义则是"朝那边去"。

第七章

腿脚动作:下肢暗含的心理秘密

腿和脚隐藏的语言秘密

警匪片中惯见此类镜头——审讯室里，一旁坐着神色严肃的警官，另一边坐着被抓的罪犯，罪犯不发一词，并将双腿交叉。这时，有经验的警官就会注意到罪犯双腿的动作：紧张地夹着，说明他在隐瞒关键的线索，要想让他说话，就必须在他放松警惕、松开双腿的时候，继而转换其他的话题。就这样，腿部动作的变化，对警匪之间的博弈，起到了不可忽视的作用。同样，在生活中，腿部的动作也有各式各样的表现，而它们散播的大量信息，往往是我们未曾注意到的。

有这样一个会议，与会人员由100名销售经理和500名销售员组成，其中男性和女性各占一半。这次会议的议题是讨论公司应该给销售员提供怎样的待遇。一位知名销售员，同时也是销售员联合会的会长，将在大会上发言。当这位销售员走向讲台时，几乎所有的男性经理和25%的女性经理都做出双腿和双臂交叉的戒备姿势，表现出他们对这位销售员的发言怀有担忧和害怕的情绪。经理们的这种反应的确不无道理，这位销售员怒斥经理们管理能力低下，并认为这就是公司员工管理中存在的最大问题。在这位销售员发言的过程中，听众席的大部分销售员要么身体前倾，表现出相当感兴趣，要么就做出思考的手势；但是经理们则始终保持着戒备的身体姿态。

接下来，这位销售员论述，在他看来，相对于销售员而言，问题是销售经理们到底应该扮演怎样的角色。这个时候，就像交响乐团的乐手们接到乐团指挥发出的指令一样，大部分男性经理立刻改变了坐姿，做出"4字腿"的姿势。这就意味着他们都在内心里对这位销售员的观点提出反驳。之后的事实验证了这一点，很多经理稍后的确提出了反对意见。

腿处于人身体的下部，也称为下肢。因为它处于下部，人们投射的视线是有限的，这就大大限制了它的行为，但因为它占了身体近一半的面积，所以它的存在又是无可替代的。

足部是指膝盖以下的部位，包括"胫"与"足"。足部虽处于身体的最下端，但是在人们的日常生活中，无论是坐着还是站着，足部都是容易被看见的，所以足部动作所传达的信息也容易被对方看到。身体语言学家认为足可以表达一个人的欲求、个性和人际关系。

心理学家认为，一个人摇动足部，或用脚尖拍打地板所表达的意思与抖腿动作相仿，也表示焦躁不安、不耐烦，或为了摆脱紧张感。人们为什么用足部来表达焦躁不安呢？

一个处于公开场合下的人最容易引人注目，如果一个人不愿意把内心的焦躁与不安明显地表现在脸上，或者不愿意用手或身躯做出大幅度的动作，那就只有用离开他人眼睛最远的、最不显眼的部位——足部来表达他内心的活动了。

　　心理学家保罗·埃克曼也指出，当人们撒谎的时候，下半部分的肢体动作会大量增加，所以只要观察者能够看到撒谎者的整个身体，就能大大提高识破谎言的成功率。这同时也能解释为什么很多商务人士只有坐在整体实材的办公桌后面才会感觉到舒适——因为办公桌能够隐藏他们身体的下半部分。跟实材桌面相比，玻璃桌面会给我们造成更大的压力，因为透明的玻璃让我们的腿部一览无余，从而让我们感觉无法完全掌控自己的身体。

　　因此，如果拿不准对方是否在欺骗你，不妨低头看看他的双脚，腿脚说话更实诚。

会泄密的腿部

　　腿部动作是否也会泄露心机呢？不走路的时候，腿部基本没有动作，所以大家可能会觉得由此很难了解到什么。事实上，绝非如此。

　　世界著名动物学家和人类行为学家德斯蒙德·莫里斯认

为人类动作按其可信度从高到低依次为：自律神经信号、下肢信号、身体（肢体）信号、无法识别的手部动作、可被识别的手部动作、表情以及话语。最能流露内心想法的是神经自律信号，表现为流汗或心跳加速等。下肢（腿部）的动作位列第二。由此看来，我们要留心发现腿部动作泄露出的秘密。

在人类的进化过程中，腿部动作主要服务于两种目的：一是向前走以获得食物；二是在遇到危险时逃跑。由于人类的大脑直接关联着这两种基本目的——走向自己想要的东西和远离自己讨厌的东西，所以人们的双腿和脚部能够显示他们内心的动向。换句话说，通过观察别人的腿部，你就能知道对方到底愿不愿意跟你继续交谈。

不互相交叉或者大幅叉开的双腿展现出一种开放的姿态，或是处于支配的地位；而交叉的双腿则显示出一种保守的姿态，或是没有把握的态度。如果一个女人对面前的男人没兴趣，她就会把双臂叠放在胸前，双腿交叉，并且远离男人的身体，向男人发出"闲人免入"的身体信号。如果她对这个男人有兴趣，则会采取开放的身体姿态。

可见，双脚的摆放和位置在很多情况下能够帮助人们确定自己所面对的人是否诚实、自信或者感到紧张等，这时，往往最私密的情绪也会全部呈现在最不引人注意的脚上。

假如在交谈的过程中，某人正面对着你，双脚合拢，稳稳地站在地上，则此人性格往往较为坦诚、直率，是一个可以信任的人。

当面对你的人，在聊天时把一只脚藏起来（把一只脚放在另一条腿的后面），就说明他此刻可能感到紧张或不安，尽管只是一个无意识的动作却泄露了内心的想法，即使他表面很坦然，但在真实的心境下，他的心态并未感到轻松，甚至十分不舒服。

当双脚交叉站着的时候，说明此人需要隐瞒一些感情或者信息，所以这也是掩饰自己的方式。当身体感到不舒服时，有的人也会做出这样的动作。

无论是坐着还是站着，将脚扣在另一条腿上的动作都是表明害羞、胆小的特征。这个动作通常多为女性使用。将一只脚附贴在另一个腿上，就像是在躲避和隐藏什么，所以，强调了当事人的不安全感。

此外，在解读身体语言的过程中，脚尖能够暗示人们不同的潜意识，而最直接的作用就是表现了人们感兴趣的方向。因为，当一个人上身在自身潜意识的作用下发生偏移的时候，我们的下肢也会跟随着移动，而脚尖也就朝向了最感兴趣的人和事物。

作为脚尖动作的演化，伸长的脚也具有类似的含义。例如，在两个异性之间交谈的过程中，如果男性将一只脚伸向女性，以使两者之间的距离缩短，就表明男性对女性有好感，甚至想表达求爱的意思；相反，如果男性在站立的姿势下，向后缩脚，表明想拉远与交谈对象的距离，因为这个人让他感到乏味，没有共同话题。

几种典型的腿脚姿势

1. 抖动腿部

说话的时候,有人喜欢用腿或者脚尖使整个腿部颤动,有时候还用脚尖磕打脚尖或者以脚掌拍打地面。无论交谈还是在休息,都做这种动作的人都是较自私的人,凡事以自己为中心,占有欲极强。所以,他们在爱情上很容易滋生"醋意"。他们待人吝啬,但善于思考问题,经常能为他人提出一些意想不到的主意。

日本一位心理学家指出,抖脚是一种防止血液循环停滞的行为。但进行深层的分析时,人们发现,某人不停地抖脚,其实别有用意。从身体和心理关系的分析研究,人们可以得知,身体某一部分的动作可以通过中枢神经传达到脑部而解除精神上的紧张或压力。所以,当一个人抖动脚的时候,也许正是在舒缓某些情绪。

根据心理学家的研究发现,在一个特定的环境下,经常抖动双脚的男人精神紧张的程度都很高。他们倾向于借助抖动双脚来舒解压力。所以,在面试等情况下,有的男性就会上身坐直,双手交叉放在腿上,但下半身却悄悄抖动脚部或腿部。另外,现实中,对任何事情都追求"完美"的人,因为现实总是达不到他的要求,也会频频抖脚以发泄内心的不甘。

通常，女性在同男性交谈时，若兴致勃勃地面向对方，身体放松，轻轻地抖动脚部，则表明她的心情很放松，也表现出了对对方的话语很感兴趣。假如对方突然转换话题或者说了不合时宜的话，则抖动脚部的姿势将立即停止。

有时，某个人在与他人谈话的时候，会不停地抖动一只脚或者整个身体都缩坐在椅子上，晃动双脚或者用脚轻轻敲打地面，幅度较大，而眼神也看着地面，或者四处张望。这些都说明，这个人感到很烦躁、厌烦，甚至厌倦。因为，脚是人们逃跑时最先运动的部位，当它不断地进行晃动时，如果不是闲暇无聊，那这个人就是想要离开这里。

人们在心绪不宁的时候，身体也容易抖动。所以，当内心情绪混乱或者有很棘手的问题无法解决时，就会眉头紧皱，不由自主地抖脚。因为他们希望快点思考出问题的解决方案和策略。通常这种动作是下意识的，在生活中很普遍。

2. 拍打腿部

有时候，你可以看到某人会不断地、有节奏地拍打大腿。其实，他是想说"谈话到此结束吧，我想走了"。例如在医院，这个动作表明某人想要离开的医院，但是又担心不礼貌或不合时宜而不能离开。

3. 扳动腿部

具体动作是双腿交叉，两只手紧紧扳起其中的一条腿，这一动作被广泛地在各种场合使用。假如有人在你说话的同时，扳起腿部，这表示他对你的谈话未必认同。因为扳动的动作在身体语言中可以被解释为固执。它下意识说的话是"不要再劝我了，我的身体和想法都一样，是固定的，不会有任何改变"。

4. 伸出右脚还是缩回来

当人们对交谈话题或者交谈对象感兴趣的时候，人们会把脚伸向前方，缩短和交谈对象之间的距离。倘若人们不感兴趣或者不想发言，就会缩回自己的脚；如果是坐着的话，还会把脚缩到椅子底下。

5. 立正的姿势

这是一个非常正式的站姿，显示出一种中性的态度，不表达任何或去或留的倾向。在异性间的面谈中，女人比男人更常使用这个姿势，直立紧闭的双腿传达出"不置可否"的信号。学校的学生们在跟老师说话时经常保持立正的姿势，公司的下级跟上级汇报工作、人们见到王室成员或者雇员跟老板交谈时，也都采用这个姿势。

6. 稍息的姿势

把身体的重心放在一侧的臀部和腿上，这样就能让另一只脚伸向前方，稍作休息。在中世纪的画作里，那些身份高贵的男主人公总是保持着稍息的姿势，因为这样的站姿能够让他们展示自己精美的袜子、鞋子和裤子。这个姿势非常有助于我们判断一个人当下的打算，因为人们伸出的脚尖所指向的方向，往往就是他们内心里想要去的地方，而且，这个姿势看起来也就像是一个人正要准备迈步的样子。如果是和一群人在一起聚会，我们伸出的那只脚，总是会朝向最幽默或是最吸引我们的那个人；但是如果我们想要离开的话，那只脚就会朝向离我们最近的一个出口。

7. 双腿叉开

很多心理专家认为，这是一个传达支配意味的动作，属于非常典型的男性身体语言，如同展示胯部的站姿。这个站姿会把双脚坚实地踩在地面，仿佛在清晰地告诉别人，自己毫无离开的打算。展示胯部的站姿之所以成为典型的男性姿势，是因为这个动作能够强调男性，而这一点使得这个站姿显得颇有男子气概。

8. 双腿交叉

双腿叉开的姿势展现出开放或者支配的态度，双腿交叉的姿势则显示了保守、顺从或是戒备的态度，因为这种姿势象征着拒绝任何人接近自己。

有些心理专家会建议人们试试这个举动：加入一个你不认识其中任何一个人的相谈甚欢的小群体，让你的双臂和双腿紧紧交叉，并且保持严肃的表情。很快，这个小群体的其他人就会一个接一个地做出双臂和双腿交叉的姿势，直到你这个陌生的参与者离开。然后，你不妨走远一点观察，看看这个群体的人们是如何一个接一个地恢复最初那种开放的身体姿态的。

双腿交叉的姿势不仅会传达出消极和戒备的情绪，它还会让一个人显得缺乏安全感，并且引发身边的其他人也相应地做出双腿交叉的姿势。

在坐姿中，也有好几种双腿交叉的典型姿势，这时，交叉双腿表示很放松，因为此时很难突然站起来去做什么事。而一个人，如果他是轻松的，或处于优势的，就不必摆出一副准备就绪的姿态。

踝对踝双腿交叉，即坐在椅子上，双腿在脚踝处交叉，其含义是礼貌地放松，被广泛地使用在各种场合。这一动作是双腿交叉中最温和的姿势，因此它是礼貌庄重的，常出现在正式集体照中的坐姿。比如，对女王而言，在公共场合绝不可能见到她除此之外的双腿交叉的姿势。

膝对膝双腿交叉，即坐在椅子上，双腿在膝盖处交叉，表示很放松。这是一种典型的社交动作，在欧洲男性与女性都可以使用，而在美洲使用者则多局限于女性。因此，一些上了年纪的美洲男子发现欧洲男子也这样坐着时，非常不安。对他们来说，这个姿势非常的女性化。

踝对膝双腿交叉，即坐在椅子上，一只脚的踝关节置于另一条腿的膝盖上，表示非常放松。这是男性双腿交叉的主流姿势，颇具进攻性与男子气概，为希望强调其性别的年轻男士所偏爱。源于牛仔的动作，并与其生活方式和服饰相关。

9. 剪刀型站姿

这一动作表达"不置可否"的态度，但并不打算就此离开。 对于女人而言，剪刀型站姿或是单腿交叉（一条腿保持直立，另一条腿弯曲与直立的腿形成交叉）的站姿传达出了两个信息：第一，她会继续待在原地，没有离开的打算；第二，持拒绝接近的态度。 不过，如果是男人做出这样的姿势，虽然同样意味着留在原地的想法，但同时还表达出另一个意图：希望对方不要攻击自己的弱点。

10. 两腿交缠

即一条腿置于另一条腿上，并紧紧相贴，害羞和胆小的人们经常使用这种姿势。 通常女性会使用这个动作，而且是羞怯和胆小的女性。

11. 两腿交叉而小腿保持平行

由于男性腿部和髋部的骨骼构造和女性不同，所以很难摆出这种坐姿。 正因如此，这个姿势极具女性气质。 这一坐姿也被男性评选为最钟爱的女性坐姿，因为一条腿紧紧地贴在另一条腿上，这样的姿势使腿部看起来显得更加健康和年轻，而且会因为极具性感而无比吸引男人。 在举止礼仪课和模特培训课上，都会教给女人这种坐姿。

站立时，腿脚也会泄密

身体有没有一种理想的站姿呢？乖孩子是两腿并拢站在那里的，脚部触地，但是不能自由活动。如果要活动的话，他必须把一只脚从这个位置中解放出来。良好的站姿是两腿分立，与骨盆同宽。这种姿势利于活动。如果宽度超过骨盆，就表明他是处于自卫和领地斗争的状态，重心不易改变。这种站姿会使人固定不动，包括身体和思维。

脚部站姿的灵活性反映在什么地方呢？灵活性首先来自脱离某一立场的意愿，为此我们迈出了第一步。我们总得先把一只脚离开地面。谁要是在说话时声称准备再前进一步，那么他的立场或站姿就会松动，预示有可能活动起来。

站立时，腿的重心放在左边还是右边，有什么意义呢？如果某人把重心放在左腿上，表明他在这一时刻里，主要受情感支配；如果重心转到右腿，那么他更多的是在琢磨什么事。在谈话的过程中，我们也可以观察到，对方内心的"钟摆"在左右摆动。在这里，情感指的是整体的感受；而相反，琢磨则是集中于细节。如果摇摆得太厉害，就会丧失立场。比如说，你的谈话对手看上去心里有点不踏实，你无法决定是听从情感所说的话，还是服从理智对他的判断。

一个人站立的习惯说明什么呢？我们可以观察一下，某人站立的时候，重心是支在脚底的哪个部位，就是说，他是如何保持平衡的。 把重心放在脚跟上的人，属于保守型。他的身体略向后偏，即使需要他往前行走，他的走步也总是要比别人慢一拍。 在迈开一只脚，或者前脚掌着地之前，他先要把平衡点移到中间。 重心在脚跟上的人，需要一个缓冲地带。 他不愿意冒险，无论是在资金、知识还是地位方面，都是这样。 简而言之，他不愿意把自己已经得到的东西孤注一掷。

总是把重心放在前脚掌上的人，反应很敏捷。 一有动静，身体就会往前移动。 他反应很快，但往往失之于鲁莽。

女性常用腿势大揭秘

双腿的姿势也能揭示一个人的态度和心理。 女性常使用的腿势可分为以下几种：

（1）一条腿屈起放在另一条腿之下，并使其膝盖朝向她所爱慕的人。 这种姿势显得安然自在，表示她内心非常愉快，愿意与对方有更多的交流。

（2）用一只脚玩弄鞋子这个动作，也显示了当事者不拘泥的态度。 有时，她还会将一只脚退出鞋子，然后再将脚伸进鞋内，一连几次重复这种动作，这是一个让某些男性感到神往的体语。

（3）将双腿搭起来。身体语言研究者们认为，这些体语于特定场合既是女性在所爱慕的男性面前的内心显示，也是有意识或无意识地试图引起对方注意的一种暗示性的表现。

心理学家认为，几乎所有的女性都使用过别脚姿势，将一只脚别在另一条腿的某个部位，这似乎是用来加固防御性的体语。观察表明，这是害羞、忸怩或胆怯的女人们普遍使用的一种姿势。在和持有这种体语的女性打交道时，你需要采取一种热情、友好的策略，尽量解除对方这种不安的姿势，消除其心理上的不安，使对方自然轻松，从而继续往下交谈。

女性还经常使用一种膝盖并拢的姿势，这常被认为是"淑女"的象征。这样的姿势会给人一种严肃的感觉，是防御性的心理表现。反之，女性较少使用架腿的动作，因为这种动作在西方或东方都可能被认为是不雅观的，是缺乏教养的表现。甚至有人认为，这种动作是与"性"或"淫荡"等意念联系在一起的。所以，对于女性来说，架腿的动作是应当尽力避免的。

双腿的开合与心理的关系

腿部的丰富心理信息，对人际关系和人们之前的亲密程度有一定的提示。 例如，双腿从交叉到分开的不同变化，就隐约透露出心态的不同差异。 这个过程，实际上就是人类内心从封闭到开放的转化。 当人们的交谈和气氛变得更愉快时，就会舒展身体，放下对他人的戒备。

所以，如果见到有人把两只脚紧紧交扣像锁在一起一样，做出锁脚动作，就可以凭借这个姿势好好推敲一下动作发出者的真实心理状态了。 锁脚属于典型封闭式动作的一种，这样的动作容易增加自己和他人之间的对立，无法协调好自身的情绪。 根据身体语言研究专家们的分析，人们在压抑紧张情绪或消极情绪的时候会锁脚。 做出这种动作的人，往往也比较沉默寡言，轻易不会说什么的。 若想化解这样的情绪，需要通过积极的言语，引导对方逐渐放松，从而打开他的脚踝。

而这个姿势其本身所表达的防御含义，通常会在女性身上体现出来，女性多采用这种姿势表达对男性的抵触。 假如你遇到了一位寡言冷漠的女性，她对你毫无兴趣，甚至心生厌恶，会在你面前做出这样的动作；不过，如果你遇到的是一位面色红润、见人羞怯的女性，那她做出这样的动作多半是因为与你不熟悉，害怕受到陌生人的伤害。 这时，你可以利用主动攀谈的方式来化解她内心的紧张，从而发起交谈。

此外，锁住脚踝还是一种做决定时左右为难、犹豫不决的信号。 如果在交谈中，看到对方将脚踝锁在一起，这就证明他在思考的过程中遇到了困难，无法立刻做出决定。 一旦遇到这样的信号，你就应当向他提出一些探查性的问题，帮助他改变这种姿势，积极做出回应。 实际上，从对方的角度看，这是他自我控制的一种表现，他虽然内心在犹豫，但不方便说出口，于是就会锁住脚踝，以避免自己轻易做出决定。

当然，也有人做出这样的姿势仅仅是因为感到很舒适自在，但关键是姿势有积极和消极之分。尽管你做锁脚的动作自己会感到很舒服，但是它向外界传递信号却是消极的，从而会对你的沟通和人际交流产生负面的影响。所以，我们应当尽量避免使用诸如锁脚这一类的消极身体语言。

女性着短裙的腿部动作揭示其心理

穿着迷你裙的女士必须让双腿和脚踝保持彼此交叉的姿势，个中原因是不言自明的。不过，多年的积习会让很多女性总是保持双腿交叉的坐姿。可这样的姿势不仅会让她们看起来显得非常拘谨，而且其他人也会在不知不觉中将之误读为防备他人的信号，从而在跟她们打交道时更添几分谨慎。

很多人仍然声称，不管是脚踝相扣的坐姿，还是双臂和双腿交叉的戒备姿势，他们在做出这些动作时仅仅只是因为"觉得舒服"。如果你也属于这一人群中的一员，那么请记住，这些姿势只有当你处在戒备、消极或者有所保留的态度中时，才会让你觉得舒服。

一个消极的身体姿势会增强或者延续一个人的消极态度，其他人也会因此而认为这个人是一个忧心忡忡、戒备心重或者凡事都置身事外的人。所以，我们应该常练习和使用积极、开放的身体姿势。这样不仅有助于提升自信心，而且还会让其他人对我们的印象大有改观。

这个动作基本上专属于女性，而且是羞怯和胆小的女性以及兼职柔术演员的标签。把一只脚的脚尖紧贴在另一条腿上，这样的姿势进一步强调了当事人的不安全感。不管女孩的上半身表现得多么放松，但此时的她就像胆小的乌龟一样，也希望自己能够躲进厚厚的壳里。如果你希望她褪去坚硬的外壳，那就得采用温暖、友好和轻柔的方式慢慢接近她。

脚尖的方向

一个人脚尖的指向，不仅可看出其意欲走向的目标，在社会交往环境中，脚尖还表示出他对什么有兴趣，以及是否对正在交谈的人怀有耐心和尊敬。关于脚的这一体语功能，行为学家们多次注意到，脚尖方向确实能表现出一个人的意向和企图。

假设在某一场合中，你看到两名男士与一名女士在一起谈话，看起来似乎都是男士们在说话，而那名女士只是在听着。 如果你再观察谈话者们脚的指向,便会发现有趣的现象。 有位男士朝着在场的人侃侃而谈的同时,他的一只脚的脚尖会指向那位女士,这种非语言信息,传递的是他对她感兴趣。

开始时,这位女士的双脚也许是一种中立的位置。 如果这位女士懂得这种无声语言所传递的信息,意识到并也注意到了在一起的那位男士的脚尖指向,若没有其他方面的因素掺杂期间,她也对那位男士感兴趣的话,最后她的脚尖也会不自觉地指向那名男士。

在你知道了脚的指向所暗示的非语言信息后,当你面对某人,很想跟他说几句话时,如果看到他一方面在跟你聊,脚尖却不朝着你,而是指向某一出口,可能判定这人还有其他事,心已不在你这里,明智的话,趁早把他放走。

由步伐识人

一个自信的人,即使在走路的时候,也有着地点。 他从不奔跑,而是步履稳健。

人每前进一步,总会迎来抉择,或者是不能预料的风险。 但是,不迈步就没有进步。 直立行走已经是一种非同寻常的平衡游戏,而前进运动则更胜一筹。 谁要是对自己的力量有信心,就可以毫不迟疑地向前迈进。 谁要是心存疑虑，或者患得患失，就会固守自己的立场。我们每前进一步，都是在解决平衡的问题。一个步子稳健的人，显示出来的是自信心和解决问题的能力。

有些人走路时，用脚后跟蹭地，而不是用前脚掌和脚趾走路，那他就是在地上做标记。他是一个征服者，是用脚后跟在自己赢得的地上做标志。如果现代人这样走路，则不是在划分地块，而是想炫耀自己已经达到的地位。

用前脚掌走路的人，步履轻盈，不留下任何痕迹，更不用说什么信号了。这类人希望不惹人注目地向前行进。他们在避免矛盾。这是"灰衣主教"的类型——百依百顺、委曲求全。当别人还在争论不休时，他们已经找到前进的路口。

注重细节的人步子较小。他们不太愿意承担风险，而是步步为营地占据自己的地盘。

通过走动也可以打开思维的路子。在讨论问题，或在思考一个问题、酝酿一个想法时，很多人往往会在房间里走来走去。行走时，灵感会被激发出来，眼睛也会不断受到刺激。人要是随着心脏跳动的节奏来回走动，就能够在和谐的运动中获得新的启示，还可以同时对其进行处理。

身体的动作也可以让思路停顿下来。要想把思维运动停下来，以便把刚才想到的问题进行加工，或者把它用文字记录下来，只要停住脚步，寻找一个立足点（最好坐下来），就可以使自己安静下来了。如果不停止走动，那么他就没有给自己留下时间使想法成熟一点，或者继续思考下一个主意。

认为过于注重细节会妨碍自己前进的人，跨出的步子会大一些。但是，如果他只是从肘部开始挥动胳膊，护住身体，那就会降低行动的决心。

人的脚想往前挪步，而心里却迟疑不决，身体语言是如何明确地表明这个过程呢？害怕抗争，但又必须面对时，他的身子就会往后退；如果肩膀朝后，脚就会暴露在身体的前面；同时再收缩胸脯，那就表明自己是不会全力以赴的。

人们虽然是用脚走路，但身体的其他部位也是参与活动的。走路时挺起胸膛，表明这个人的活力、抱负在引导其前进。

好奇的人是把头往前伸，在这种状态下，胸脯自然而然地会往下沉。人们的精力是有限的，不过人们的头却想寻求交际，同时把身体往前拖，纯粹看热闹的人甚至会把头再缩回来，并且声称：我可没有参与过！

挥动双臂，大步向前的动作，同时也表明，这个人很难刹住脚步。这个人的决定，不管正确与否，无法阻挡。如果他付出了精力，就要发挥得淋漓尽致。

从步子的大小可以看出什么问题呢？从容不迫的步子是从站立的位置开始的。把摆腿提高到不影响平衡的位置，然后摆腿变成了重力腿，于是后者取代了摆腿的作用。

如果步子再小一点，从容的自信就变成了一种审慎的行走方式。认为细节才可靠的人，走路的步子是很小的。比起自信的人来，同样走一段路，他们所花的时间也许要多一些，但是，犯的错误也会相对少一点。

步子过大会影响平衡。如果摆腿的动作幅度过大，在其站稳以前，重力腿就被拔了起来，这意味着，必须继续赶路，不能止步。喜欢冒险的人，走路就是这个样子的。在他们认为正确而充满成功希望的前进道路上，拘泥于细节，在他们看来是一种障碍。

第八章

闻声辩意：言语揭示的心理特征

音色揭示的性格特征

心理学家指出，人的声音具有浓厚的感情色彩，也就是说通过声音能够向外界表达和传递出说话者非常复杂的内心情感，这就是所谓的"音色"，通过它可以观察出一个人的性格。在一个人的音色发生变化时，还能相应地判断出其心理变化，并推测出他是不是在说谎。

莎瑞不小心弄丢了爸爸的一份重要稿件，在晚饭时变得有点沉默，因为她不知道该怎么对爸爸说。敏锐的妈妈发现了莎瑞的异常，问她是不是有什么事。莎瑞偷偷地看了一眼向来以威严出名的爸爸，只好装出一副什么事情都没有的样子。

莎瑞："哦，没什么事，妈妈，我只是在想明天要不要和兰妮一起去溜冰。你知道的，兰妮总是缠着我，要我教她在光滑的冰面上跳那傻乎乎的'天鹅湖'。"

妈妈听出了异常，因为以前莎瑞在提到这件事情的时候，脸上总是一副骄傲的神情。而今天她说到这件事的时候，却好像在背书，没有了以前的那种骄傲。

妈妈："莎瑞，你确定你是在想这件事情吗？"

莎瑞："好吧，妈妈，其实事情是这样的……"

虽然莎瑞的谎言表面上看上去并没有什么不妥的地方，低落的语调甚至凸显了一丝对朋友兰妮的不耐烦和轻视，但莎瑞的妈妈却很清楚莎瑞一向是个自大而且容易骄傲的孩子，所以她从莎瑞的音色变化中发现了她在说谎，或者说猜到了她在故意隐瞒着什么。

关于人类不同音色所代表的性格的区别，有关研究人员曾做过大量调研测试，并通过大量的对比论证后得出以下一些结论。

1. 说话凝重深沉者有学识

说话凝重深沉的人大都有很高的学识，才华横溢，思路比较成熟，对各种社交礼仪都有相当深刻和准确的掌握。这一类人的责任很强，是一个可以信任和依赖的人。这种人有时候可能会有些清高自傲，不愿意轻易向别人低头；也正是因为他们性情比较耿直，往往会使他们在生活中不能得到一个很好的职位。要知道，大多数时候老板和领导都是不太喜欢这种不服管教的人的。

2. 说话尖锐严厉者有攻击性

这一类人往往具有很强的攻击性，在和别人交往的过程中，一旦发现对方有不对的地方，总是容易毫不留情地指出来，甚至有时候会让对方非常难堪。这类人其实往往比常人有更强的洞察能力，而且他们的思想也很独特，所以看问题的时候往往能一针见血，指出事情的本质所在。不过这种人的缺点在于他们有急于求成的毛病，时常会忽略一些比较重要的问题，舍本逐末，使自己也陷入难以自拔的尴尬之中。

3. 说话刚毅者坚强，且有组织性、纪律性

说话刚毅的人性格很坚强，而且组织性、纪律性也比较强，做事的时候喜欢坚持原则，一是一、二是二，是非善恶分明，能够做到公正无私。不过这一类人也都容易固执，不擅长变通，做事容易不给别人留下商量回旋的余地，所以也可能经常得罪别人。不过因为他们能够做到公正、平等、光明正大，所以还是会被大多数人喜欢和拥护的。

4. 说话温顺者性格温和宽厚

说话温顺的人性格都比较温和，淡泊名利，在交际中处于一种与世无争的状态当中，他们也具有一定的同情心和理解心，很少会和别人发生冲突，心胸也比较豁达。因为他们很少和别人发生利益上的冲突，所以在交际中相处起来比较容易，关系也不错。在常人看来，这类人总是显得有些胆小怕事，其实并不是这样的，事实上这只是他们恬淡温和的性格决定的，他们只是不想卷入许多的是是非非之中，所以喜欢采用回避的态度。不过如果有人鼓励他们加入到竞争当中，他们就会将自身的才华淋漓尽致地发挥出来，他们会成为能屈能伸、能刚能柔的人，并且会做出不错的成绩。

5. 说话浮躁者脾气暴躁、易怒

在心理学家看来，对付这种人要比对付任何一种人都要简单，因为这类人由于脾气暴躁、易怒，他们做事常常欠缺

周密的思考和完善的计划，很多时候都只是凭借一时的情绪所致去行动，而且又因为缺乏耐性，他们总是不能静下心来循序渐进地稳步前进。但也因为急于求成，他们往往一事无成。

6. 说话情绪高昂者好奇心强

说话的时候音调较高，富有感情色彩的人，往往都有比较强烈的好奇心，而且思想比较独特，常常会干出一些出人意料的事情或提出不同寻常的高见。这类人都有比较强的叛逆性，敢于向传统和权威挑战，对新鲜事物的接受能力也比较强，属于那种凡事都喜欢走在前头的人；不过这一类人在为人处世的时候，往往欠缺沉着、冷静，经常会使自己脱离群体，从而被孤立起来。

音质透露性格内涵

在言谈中，除了音色以外，语言本身的音质也是很重要的因素。

充满自信的人，谈话的时候常语气肯定；缺乏自信的人或性格软弱的人，讲话则慢慢吞吞，话题很长，需要相当长的时间才能告一段落，也说明说话的人内心往往存在唯恐被打断话题的不安。而那些希望尽快结束话题交谈的人，也有害怕受到反驳的心理。

另外,经常滔滔不绝的人,大多一方面目中无人,另一方面好表现自己,并且这种类型的人,一般性格外向。

说话比较缓慢的人,往往都是性格沉稳之人,就是通常所说的慢性子。

> 有两个性格正好相反的同事,杰克说话做事都很缓慢,而鲍勃则是个性子比较急的人,办事也很果断,做人向来都很自信。不过由于性格上的差异,两个人经常为一些小事而意见不合。
>
> 有一天,鲍勃看到杰克买了一双漂亮的皮鞋,感觉款式不错,他也想买一双,就问杰克:"嘿,杰克,你这双皮鞋多少钱?"
>
> 杰克慢慢地抬起左脚,缓缓地对鲍勃说道:"这要300美元。"
>
> 鲍勃向来性情急躁又爱贪小便宜,听到这里,便对杰克不满地说道:"可恶,这么便宜,你怎么不早点告诉我?"
>
> 鲍勃还想继续责问杰克,这时,杰克又缓缓抬起右脚说:"这只也是300美元。"

有些心理学专家认为,不同的音质通常会反映出人们不同的特点。从谈吐方式和音质的类型,可以大致了解对方的性格或人品。经过调研和论证,一些心理学家对此专门作了归纳总结。

1. 高亢尖锐的音质

音质高亢的人一般比较神经质,对环境有敏感的反应,如房间变更或换张床就睡不着觉。 不过此类人富有创意与想象力,美感极佳而不服输、讨厌向人低头,说起话来滔滔不绝,常向他人灌输其高见。 面对这种人不要给予反驳,表现谦虚的态度即可使其深感满足。

女性发出这种声音时往往是因为她们情绪起伏不定,对人的好恶感也极为明显。 这种人一旦执着于某一件事上往往顾不得其他。 不过,通常也会因一点小事而伤感情或勃然大怒。 这种人会轻易说出与过去完全矛盾的话,且并不引以为错。

如果是男性发出高亢尖锐声音,这种人个性比较狂热,容易兴奋也容易疲倦。 这种人对女性会一见钟情或贸然地表白自己的心意,往往会令对方大吃一惊。 高亢音质的男性从年轻时代开始即擅长发挥个性而掌握成功之运,这也是其特征之一。

2. 温和沉稳的音质

女性音质柔和声调低源于其性格内向,这种女性会随时顾及周遭的情况而压抑自己的感情,同时也渴望表达自己的情感,因而应尽量让其抒发感情。 这种女性一般富有同情心,愿意主动帮助别人;这种人也会按部就班,努力朝自己的目标前进,属于慢条斯理型。 她们最常见的表现就是,往往上午的时候有气无力,而一到下午的时候,则变得活蹦乱跳。

男性带有温和沉着音质者乍看上去显得老实，但可能有其顽固的一面，他们往往固执己见、绝不妥协，不会讨好别人，也绝不受他人意见所影响。作为会谈的对象，这种人刚开始难以相处，但他们却是忠实牢靠、值得信赖之人。

3. 沙哑的音质

拥有沙哑音质的女性通常都比较有个性，即使外表显得柔弱也具有强烈的性格。虽然她们对待任何人都亲切有礼，但从来不喜欢表露自己的真心，令人有难以捉摸的感觉。她们虽然可能与同性间意见不合，甚至受人排挤，却容易获得异性的欢迎。她们对服装的品位极佳，也往往具有音乐、绘画的才能。

男性带有沙哑音质者，往往是耐力十足又富有行动力的人，即使一般人裹足不前的事，他也会鼓足劲往前冲。缺点是容易自以为是，对一些看似不重要的事掉以轻心，结果贻误良机。还有，具有这种音质的人，会凭个人的力量拓展势力，在公司团体里率先领头引导众人。越失败越会燃起斗志，全力以赴。具有这种声质者中屡见成功的有政治家、文学家、评论家。

4. 粗而沉的音质

发出沉重的有如自腹腔而出声音的人，不论男女都具有乐善好施、喜爱当领导者的性格，喜好四处活动而不愿静候家中。随着年龄的增长，这种人的体型可能会变得肥胖。女性有这种声音者在同性中间人缘较好，容易受到众人信赖，成为大家讨教主意的对象。这种女性容易与周围人打成一片。

有这种声音的男性通常会开拓政治家或实业家的生涯，不过，其感情脆弱又富强烈正义感，争吵或毅然决然的举止会使日后懊悔不已。这种人还比较容易购买高价商品，属于那种行动型的人。

音调透露的内心世界

一般来说，在言谈中足以表现出一个人的态度、情感和意见。言谈的内容是表现的因素，但言谈的速度、语调、抑扬顿挫，以及润饰等，都足以将会起到影响谈话内容的效果。

无意当中，人们经常会由这些因素表现出所谓的言外之意，而听者也会通过这些因素来了解说话者的真正心思。和说话速度一样可以呈现出语言特征的，就是音调。一位心理学家曾戏言，当一个人想要反驳对方意见时，最简单的方法就是拉开嗓门提高音调。事实也正是如此，人总是希望借着提高音调来壮大声势，并试图压倒对方。

音调高的人很可能具有一种"任性"情绪，音调高也是任性的表现形式之一。当一个人说话音调很高的时候，往往给人一种不成熟的感觉，就像不懂事的孩子一样。相反的，一个正常的成年人，随着年龄的增加，音调也会随之相对降低。而且，随着一个人的精神结构的逐渐成熟，也会慢慢具备抑制任性情绪的能力。

有些成年人的音调也是相当高的，这种人的心理就属于不成熟阶段，无法控制其任性的情绪，这种情况下，他也很难接受别人的意见。

心理学家发现，女性相信：伴侣的声音越低，越有可能在说谎；相反，男性认为女性说话声音太高，就表明她极有可能在撒谎。

负责该项研究的教授提到，"在两性相处的策略上，男性和女性会把对方的音调作为一种警告标志或背叛的信号。越具吸引力的声音，越有机会背叛对方，例如音调较高的女性和音调较低的男性。"实验中要求受试者听两种版本的录音，分为男性和女性。之后他们用电子仪器来调整音高，同时问每组受试者哪一种的声音与伴侣欺骗他（她）时的音调最相近。

参与这项研究的另一个心理学教授说："之所以能通过音调察觉欺骗，是由于说谎和荷尔蒙有密切的关系。雄性荷尔蒙较高的男性，他们的声音通常较低；反之，雌性荷尔蒙较高的女性则拥有较高的声音。"他认为，荷尔蒙较高通常与外遇行为有关，早有研究结果表明了它们之间的联系：下次如果你想使另一半相信你的话，改变语调或许颇具说服力。同样的，如果你想知道你的伴侣是不是在对你撒谎，你同样可以从他（她）的音调中发现问题。

喜欢高声说话的人通常支配欲很强。这类人喜欢单方面贯彻自己的意志，喜欢以自我为中心；而说话声音小的人，多半性格内向，他们往往在说话时压抑自己的感情，不到火候，一般不会把内心的想法和盘托出。

另外，声音又与说话人当下的心理活动密不可分，大小、轻重、缓急、长短、清浊都有变化，这些特性都是紧密联系的，也是闻其声、辨其人的基础。下面就谈一下说话声音的高低和这个人有什么神秘的关系。

从打电话的声音识人

如果你平时能够凭声音判断他人的性格，那么，即使在电话中，你也可以较正确地判断对方的性格（指内向或者外向），有时甚至只要凭开始的一句"喂……喂……"就能够判断出来。

外向型的人一开口说话声调就富于节奏感，给人一种爽朗而活泼的感觉。他能够礼貌周到地报上自己的姓名，虽然说话多少快了一些，但是能够很快地说明他打电话的用意。这种外向型的人，都希望面谈的时间越早越好，至于见面的地点，他也会配合着对方的意思很快做出决定。

内向型的人在开始的"喂……喂……"时，就叫人觉得声音低沉而混浊。如你询问"您有什么事情"时，他往往会一时语塞，然后再以缓慢的口吻开始打招呼，这种打招呼的声音细小，很难听清楚。

"您有什么事情吗？"加强语气问他时，他也不会立刻"言归正传"，他的"话头"特别冗长，非常懂得礼节，嘘寒问暖之情很周到。

此外，这种人说话的内容也很冗长，多有重复，常常很关心对方，尽量使用一些恭敬的词句交谈，甚至会暂时搁下自己的事情，因为一拖再拖，当然就会浪费很多时间，这种人甚至会在三更半夜打电话来，说："不确定一下，我根本就睡不着……"因为拘泥细微的事情，以致整个头脑塞得满满的，结果呢？可能会忽略时间以及对方是否方便就拿起电话。

常说错话的人

奥地利的下议院某位院长，有一次在宣告会议即将开始时，却不小心说成了"会议结束"，因为要让这个会议顺利进行的难度颇高，所以议长在心中便有"希望会议尽早结束吧"的愿望存在。在其不经意的话语中，议长本人清楚地意识到会议一定要进行，但在潜意识里又有恐惧、不想面对的心理，两者互相矛盾、冲突，因而引发了这种错误的言辞。

心理学家弗洛伊德认为，说错、听错或者写错等等"错误行为",其实都表达了内心真正的愿望。

通常,说错话的一方都会为自己找一些借口,如"不小心""不是真心的"等,但事实上,那不小心说错的话才是他真正想说的。这些在我们的日常生活中屡见不鲜。

由此可以推断,那些常常会说错话的人,大部分习惯于隐藏真正的自己,心中很强烈地禁止自己把这些真心话表露出来,是个表里不一的人。

"这件事绝不能讲出来""这事绝不能弄错,非小心不可",当你越这么想的时候,便越容易将它说出来。相信很多人在日常生活中,也会遇到类似的情形。

总而言之,暗藏在心中的许多事情,当你越想隐瞒、掩盖的时候,就越容易说错话或做错事,从而无意之间让心虚表露无遗。

言辞过谦者的心态

适当的心理距离是人际交往成功的一个必要条件。语言可以拉近或推远彼此间的心理距离。要想拥有圆满而和谐的社交生活,有分寸地使用恭敬、谦虚的语言是很重要的。这类语言要依时间、场合、目的微妙地表达,均衡地加以运用。俗话说过犹不及,如果言辞过谦反而显得肤浅。

在英语中，you是第二人称，但在德语中却有两种用法：对比较亲近的人用du，对关系较远的人用sie。所以通过对话，就能察觉到谈话双方之关系已到了何种程度。有一部德国电影，其中有段这样的情节：一个女人在酒吧间认识了一个男人，寒暄几句，就如同老友重逢，于是一起坐下喝酒。后来，那个女人喝得烂醉如泥，不省人事。到第二天早晨，当她从睡梦中醒来，发现自己置身于那个男人的公寓里。由于前一天晚上醉得太厉害，女人怎么也想不起曾经发生过什么事情。后来，她听到男人在对她说话时，第二人称所用的词是du，于是恍然大悟，懊丧不已。

并不仅仅限于德语，我们日常交谈中，也常能通过对敬语的使用推断出彼此之间的关系。

适度的礼貌，是维持良好人际关系的方法之一。 人与人之间的礼貌，有一定的形式、程式和措辞，人人都必须遵循。"殷勤过度，反而无礼。"法国作家拉伯雷说："外表态度上的礼节，只要稍具知识即能充分做到；而若是想表现出内在的道德品行，则必须具备更多的气质。"那么，从言辞到行动总是毕恭毕敬、谦虚谨慎的人，也许可以说有一种气质上的欠缺。 这些人在与人交往的时候，一般总是低声下气，始终用恭敬、谦虚的语言、赞美的口气说话。 初交时，人们也许会有不好意思之感，但绝不会对这些人产生厌恶。然而，随着交往的日益深入，人们便会逐渐察觉这种人的态度，而且会气恼不已。 这时对他的评价，大多变为："那家伙原来是个口是心非、表面恭敬的人。"

这种人幼儿期可能受到过双亲严厉而又错误的教育，尤其是有关礼节方面的。因此，那些在一般人看来是合理的欲望，却不为他们的良心所许可，导致他们产生了罪恶、不安和恐惧等感觉。于是，他们便将种种欲望、冲动和情绪全压抑在内心深处，死死禁锢着。但是，被压抑的欲望、冲动和情绪越积越多，总有一天会形成强大的攻击冲动而发泄出来。他们直觉地意识到这一点，为掩饰起见，便启动反作用的心理防卫机制——对人更加谦恭。这等于说，这类以令人难以忍受的过分谦恭的态度对待他人的人，内心里往往郁积着对他人的强烈攻击欲。

言辞谦虚，也可以看成一个人为人低调，不擅出头。在大多数人看来，言辞谦虚的人大多被认为是有礼貌、识大体的人，言辞谦虚也是一种自身修养的外在特征。

但是心理学家提醒我们，谦虚的话语也要运用恰当，如果过分牵强反而显得不自然。与谦虚言辞相对应的，是粗俗、随意的话语，有些人会对自己心仪的人说出随意的言语，以示双方的关系非同一般。在毫无隔阂的人际关系中并不需要使用谦虚的言辞。不过，当在这种不需要谦虚言辞的人际关系中，突然出现谦虚言辞的话，就要加以留意，因为这是反常的现象。

有时候言辞谦虚并不是真正的谦虚或低调，而可能是在表示强烈的嫉妒、敌意、轻蔑、警告等等。语言是测量双方情感交流的心理距离的标准，言辞过于谦虚，并不是向对方表示尊敬和自谦，往往也可能含有轻蔑与嫉妒的因素。同时，也是在看似不经意中将自己和他人的关系拉开，使他人与自己隔离，具有防范自己不被侵犯的功能。

  杰瑞是公司新来的员工，对每一个人都客客气气，十分有礼貌。开始，大家都觉得杰瑞是个十分有修养的人，言辞谦虚，举止端正。随着时间一久，同事之间日益熟络起来，杰瑞还是对每个人都彬彬有礼，让人感觉很不适应。因为杰瑞的谦虚有礼，在同事们看来更像是一种拒人于千里之外的冷漠，并带着一丝不屑和众人交流的蔑视。

  在公司里，大家就像朋友一样亲切，唯独杰瑞依旧让人感觉有隔阂。所以当杰瑞不在的时候，同事之间总能热闹活跃起来，而一旦杰瑞在，就会打破气氛，使大家闷闷不乐，各自埋头做自己的事。因为杰瑞所在公司的性质需要，杰瑞的老板很不喜欢杰瑞破坏同事之间欢快的交流气氛，不得已，便把杰瑞辞退了。

  一直到最后，杰瑞也没弄明白，为什么对同事礼貌有加也是错。

  在一些大都市中，居住在都市中的原居民对外乡人都很客气。这从表面上看来，是他们对外乡人没有偏见，没有歧视，但事实上，这是一种强烈的排他性表现。也正因为如此，使他们很难和人熟络，给人以冷淡的印象。依此类推，如果交情深厚的朋友，仍不免使用客套话时，则很可能内心存有自卑感，或者心中隐藏着敌意。

露西和莉莉是一对非常要好的朋友，一直以来都像亲姐妹一样亲密无间。但是最近一段时间，莉莉却发现露西对她的态度明显有了变化。以前莉莉有了自己用不着的东西，总喜欢拿来送给露西，有不适合穿的衣服，也会拿来送给她。但是最近这段时间里，露西明显像是变了一个人，对莉莉总是太过礼貌，也不肯接受莉莉善意的行为。

前些天，莉莉提着一大包吃不完的零食给露西送来，露西却婉拒了，并且一直很客气地对莉莉说谢谢她的好意。被露西婉拒，莉莉虽然当时有点不高兴，但也没放在心上。几天后，莉莉又热情洋溢地喊露西一起去郊游，因为莉莉和露西两个人每次出去玩都是一起的，所以这次莉莉就像以往一样，开开心心地跑来找露西一起去。

可没想到的是，露西再次对莉莉说了一通感激的话，使莉莉一下子没了一起出去玩的兴致。露西的反常，引起了莉莉的注意，后来她才发现，原来露西心中时她产生了嫉妒。

日本语言学家桦岛总夫说："敬语显示出人际关系的亲疏、身份、势力，一旦使用不当或错误，便扰乱了彼此应有的关系。"在某种无关紧要或很熟悉的人际关系中，我们根本没有必要使用敬语。 不过，在很亲密的人际关系群中，碰见有人突然使用敬语对你说话，那就得小心了——是否在你们之间出现了新的障碍？ 如果在交谈中常常无意识地使用敬语，就表示与对方心理距离很大。 过分地使用敬语，就表示有激烈的嫉妒、敌意、轻蔑和戒心。 所以，当一个女人对男人说话时，若使用过多的敬语，绝对不是表示对他的尊敬，反而表示"我对他一点意思也没有"或是"我根本就不想和这类男人接近"等强烈的排斥反应。

有些人虽然彼此交往很久，互相之间了解也很深刻，但是，其中一方依然在运用客气与亲切的措辞，说话的语气也十分谨慎。 那么他如果没有心理上的冲突与苦闷，就是可能暗含敌意。 反之，如果有人故意使用谦逊与客气的言语，可能是企图利用这种方式和态度闯进对方心里，突破对方心中的警戒线。 实际上，他们的真正动机在于控制对方，从而实现居高临下的愿望。

爱发牢骚者

生活中，我们经常听到有人私下里埋怨这，埋怨那。 比如，上班族喜欢在喝酒时对别人说："我们老板真是抠门啊，整天让我们加班加点，加班费都没有一分。""那家伙真是令人讨厌，事情做不好就早一点说嘛！ 也应该稍微站在我们的立场，替我们想想啊。"有时候这种埋怨甚至到了没完没了的地步。

而在这群人之中，又可以分成抱怨连连以及较少抱怨的类型。 像这类抱怨多的人，多属于追求完美的人，凡事要求高水平、高标准，并时时在脑海中描绘完美的蓝图，由于达不到完美，自然也就开始牢骚不断了。

喜欢抱怨的人，通常是满怀理想，甚至成天沉迷于幻想的世界中，对于现实的问题则采取漠视的态度。

这些满腹牢骚的人当中，其实有许多人并非缺乏自信。如果他能够认清事实，了解自己本身也并非十全十美的话，就可以少一点抱怨了。"我这么努力在做，可惜周围都是一些笨蛋，一点忙都帮不上。"在他们的心目中，总认为自己是最完美、不会出错的人，因此非常难与之相处。

在这些人之中，也有许多有才能，却因为人际关系不好，而被别人所孤立，以致无法受到提携而怀才不遇的人。不要以为身边有人在，便有了可以抱怨、吐苦水的对象，要知道谁都不喜欢当别人的情绪垃圾桶。因此当身边那些受不了你抱怨的人一个接一个地离开，只剩下自己孤单一人时，你就应该警觉到其实自己也并不是完美无瑕的人。

但话说回来，正因为有这些会抱怨、敢批评的人存在，才迫使我们更加努力去追求完美。这些总是抱怨的人虽然啰唆，但在挑他人的毛病、找他人的缺点方面，却拥有傲人的才能，所以有时候不妨侧耳倾听，或许会有意想不到的收获。

不同话题带来的信息

在谈话当中,我们要关注一下对方的话题,因为一个人的心理情况往往会在话题中表露出来。 也许对方并未直接说出自己的心境,但你只要仔细分析对方话题的内容,一定能获取对方某方面的信息。 话题是心理的间接反映。

1. 爱谈论自己的人

有的人与人交谈时,喜欢谈论自己的情况,包括自己的个性、自己的爱好、自己对一些事物的看法等。 这样的人性格比较外向,也比较忠厚。 一般他们的感情色彩鲜明而且强烈,主观意识比较浓,爱公开表露自己的优点与长处,多少有点虚荣心。 他们渴望交谈者能关注自己,了解自己,自己能在众人的谈话中处于焦点位置。

2. 不爱谈论自己的人

相反来说,如果一个人不爱谈论自己的有关情况,对自己的信息很有防范倾向,哪怕一些可以公开的个人话题也不愿涉及。 说明这类人的性格比较内向,往往对事物的看法观点不鲜明,感情色彩比较弱,主观意识也比较浅薄。 这类人比较保守,多少带有自卑心理,也许其中有些人很含蓄,但城府很深。

3. 爱谈论他人的人

有一类人爱与对方谈论第三者，将另外一个人的方方面面作为话题，滔滔不绝，评论不休。不住地向对方说起第三者的是非功过，当然还是贬低方面多，多以批判为主。往往被谈论的第三者与谈话双方都很熟悉。这时该留心了，他不停地向你说起第三者的意图是什么？很可能在他批判时他还要促使你发表一下看法。这时你要明白对方的用意，千万不可也妄加指责第三者，最好把话题岔开，对方是想借机来了解你的一些情况。

4. 在谈话中不愿涉及金钱话题的人

这类人对金钱比较敏感，谈话中故意绕开金钱的话题避而不谈。他们往往信心不足，缺少理想。之所以不谈金钱，是因为他们把金钱看得太重，有一种金钱至上的观念。他们注重现实，有物质崇拜倾向，常将赚钱定为自己人生的奋斗目标，但真正有了钱却没什么理想，思想上很平庸。他们即使很有钱，也不会乐善好施。当拥有巨大的财富时，他们又为自己的财产安全感到不安。这类人活得很不快乐，心灵空虚。

5. 爱发牢骚的人

谈话中爱从某一话题中引发出牢骚来，或对人，或对事，牢骚不止。这类人多属于追求完美的人。他们拥有很强的自信，做什么事情要求都比较高，因为他们心中时刻树立着最理想的金牌。一旦自己做错了就埋怨自己，别人做得不好他更不能放过。但世间永远没有最好，只有更好。这类人比较理想化，在现实实践中做得不够，但只知抱怨做得不好，并不知从现实中总结经验、吸取教训。

6. 爱赞美对方的人

有一类人在交谈中很爱在话题中赞美别人。赞美对方的个性，赞美对方的爱好，赞美对方的职业，赞美对方的家庭等等。使人感觉到一种过度的恭维，没有实在感。这类人一般会用心计。他恭维你是想让你对他产生好感，很可能在谈话中有目的，有事要求你帮忙，只是不好开口。没有原因的恭维是不存在的。

7. 突然转移话题

在谈话进行中也有这种情况，一方突然把话题转移，提出令对方难以接受的苛刻条件。这种方式一般有两个原因，一是提出方对对方感到不满，想存心为难对方，并想通过棘手的问题挫败对方；还有就是想试探出对方的诚意，提出一个让对方不易接受的条件，看看对方有什么反应，以此来探知对方的态度。这类人说话比较冒进，往往令人产生反感；但是他也是从实际出发，'并没有什么歹意。

8. 试探性的语言

谈话一方如果提出一个令对方很敏感的问题，使对方处于为难的孤立状态,这是他想迫使对方做出果断的选择。 一般情况下,对方要经过慎重思考才能回答。 男女恋爱时经常会用这种方式来考验对方。 这样做的目的多半是想探测对方说的是不是真心话,或者想知道对方对自己是否真的在意。

9. 贪婪性的语言

有些人在谈话中不停地询问对方的有关情况,他是想了解对方的真相。 不停地打听对方的情况,这是有意了解对方的缺点与弱项,很可能心存不良想进一步控制对方。 这时你最好岔开话题,以免他追问不休。

当你正津津有味地谈论着一个话题时,对方突然插过来一个毫不相干的话题,这是因为他对你的话题根本不感兴趣。 这类人爱忽视别人的谈话,对对方显出不尊重。 这类人还怀有极强的支配欲与自我显示欲,所以个性比较蛮横霸道。 这类人谈起话来会喋喋不休,一般不喜欢别人插话。

话题属于谈话内容的范畴,言为心声,所以你可以从对方对话题的关注程度中判断出他是个怎样的人,对什么感兴趣。 在谈话中把握好话题的运用,会增加你的谈话信息,提高你的谈话质量。

听懂对方的言外之意

中国有句老话:"说话听声,锣鼓听音。"指的就是要注意说话方的"弦外之音"。

生活中有大量的话不用直接说出来，话里带出来就行了，更有不能直言的意思，得靠暗示来表达。这就要求我们要善于听出话外之意、弦外之音，这样才能更好地跟人沟通，在交流时更好地把握对方的意思。

> 第二次世界大战中期，东条英机出任日本首相。此事是秘密决定的，事前各报记者都很想探得秘密，竭力追逐参加会议的大臣采访，却一无所获。
>
> 有位记者有心研究了大臣们的心理定式：谁都不会说出谁出任首相，假如问题提得巧妙，对方会不觉地露出某种迹象，从而有可能探得秘密。于是，他向一位参加会议的大臣提出一个问题：出任首相的人是不是秃子？
>
> 当时，日本首相有三名候选人：一位秃子，一位满头白发，一位半秃顶，这个半秃顶的就是东条英机，在看似无意的闲谈中，大臣没有想到其中暗藏机关，因为他在听到问题之后，神色有些犹豫，没有直接回答问题。聪明的记者从这一瞬间，就推断出最后的答案，获得了独家新闻。因为对方停顿下来，肯定是在思考：半秃顶是否属于秃子？

多练习"解话""接话"的功夫，可提高你表达言外之意及倾听弦外之音的本领。

在商场上，有些客户会用一些不存在的"实事"来进行试探或胁迫以达到降低价格的目的，我们称之为"伪理由"，这时候就看推销员的"听力"如何了！

例如，对方会说：
——"在别的经销商那里也有同样的商品，价格要便宜得多！"
——"产品是不错，不过我们还要考虑考虑！"
——"还有几家供应商，也来找过我们！"

其实要想判定对方所说是否属实并不难，只需要问得具体一些，对方便开始闪烁其词了，毕竟真的假不了，假的也真不了。

公关专家提醒，与上级领导谈话时更要注意，因为领导的语言是最具揣摩性的。比如你刚到一家公司不久，领导找你谈话："你到公司还没多久，工作成绩不错，以后有什么打算呢？"很轻松的一句话却含有领导特殊的意图，他是在考察你的工作心态。

你若很坦率地说出自己的理想志向，领导会以为你过于幼稚而缺乏城府；你若大谈自己与公司不相干的事业理想，上司会了解到你眼下只是把公司当成一个跳板，一旦有了机遇你就会远走高飞，根本没有为公司的长远发展打算。这时你就该谨慎而言："我想就目前的工作先干一段时间再说，以后再做打算也不迟。"以这种含蓄的语言回答是比较稳妥的。

在日常生活中，如果说话人是利用会话语隐晦地来侮辱人，听话人就更应注意了。听话人不仅要善于听出对方的恶意,而且必要时可以"以其人之道还治其人之身",给对方一个含蓄的回击。

　　据说,有一位商人见到诗人海涅(海涅是犹太人),对他说:"我最近去了塔希提岛,你知道在岛上最能引起我注意的是什么?"
　　海涅说:"你说吧,是什么?"
　　商人说:"在那个岛上呀,既没有犹太人,也没有驴子!"
　　海涅回答说:"那好办,要是我们一起去塔希提岛,就可以弥补这个缺陷。"

这里商人把"犹太人"与"驴子"相提并论,显然是暗骂"犹太人与驴子一样,无法到达那个岛",而海涅则听出了对方的侮辱和取笑,回答时话里有话,暗示这个商人是个驴子,使商人自讨没趣。

言谈能告诉你一个人的地位、性格、品质甚至流露内心情绪,因此听弦外之音是"察言"的关键所在。只有正确地"察言",才能在和他人的交往中把握他们的想法,更好地沟通。

毫无疑问,我们是需要"言外之意"的。毕竟在很多时候,我们说话不能太直接、太明了。比方说,批评人时不能伤了人的自尊;给领导提建议不能让人觉得我们比领导都能干;面对别人的提问,我们有难言之隐,但也得让人有个台阶下;事情紧急,但涉及机密,只有我们的亲信才能明白的

"暗语"是最好的选择……

相反，我们也可以利用提示来揣摩对方的言外之意，然后再决定我们该怎样说，都应该说些什么。"说者有心，听者无意"是一种尴尬，"说得巧妙，听得聪明"是一种艺术，其间的界限判若云泥，看你怎么理解，怎么把握。当然了，首要的一点，是千万不能小看了它。因此，听话者要能听出"字里行间的意思"，也就是说，听话者要对说话者的感觉产生反应，而不是对其话语。

有一天，一个妇女开着车到城里去，突然，有一只轮胎漏气了。她停下车来，虽然她可以自己换轮胎，可是她希望有人停下来帮助她，因为她穿得漂漂亮亮的要赶赴一场宴会。不久，一个年轻人停下车，并走过来问："车胎漏气了吗？"假如这个妇女听到的仅仅是这"语言文字"的内容，她可能会生气起来，说出类似下面的话："笨蛋！任何人一看都知道是车胎漏气了！"

如果她这样回答的话，势必会激怒那个热心帮忙的年轻人，而必须自己动手换车胎了。然而，她很聪明地体会到年轻人话里的意思是："我知道你有麻烦，我能帮助你吗？"于是，她得到了年轻人的帮助，避免了自己换车胎的苦恼。

同样的话对于不同的人来说有不同的含义，因此，在与陌生人交谈时，我们要尽力揣摩对方话语中所隐含的意义，以做到应对自如。

不同笑声隐藏的不同信息

笑是人类与他人交流的最古老的方式之一，而在此之前，笑只被看作人类幽默感的体现。人类笑是为了和别人团结一致或者嘲笑他们，当然也有人用笑和异性调情。发出特定笑声的人，如果想让他存心重复这些声音，注定是徒劳的。因为他的发声器官已经没有那样笑的准备了。

其实我们中的每一个人早在学会说话之前就掌握了这门技巧，我们出生的那一刻，就已经掌握了两种表达能力——一种是哭，另一种是笑。笑并不是为了好玩，而是一种表情。到目前为止，科学研究都一直把笑和幽默联系在一起。但是，笑的另外一个方面更加重要，它和幽默却没有什么关系。我们使用着笑，却一直低估它的作用。通过笑，人们传递信息。尽管听见笑声的人会很多，但是只有特定的接收者才能听懂笑声中的信息。这种信息就像加密过一样，因为它直接对准接收者，并不需要他有意识地理解。

为了调查笑声的结构，语言信息分析专家倾听了上百份笑的声音样本。一位专家为了向学员解释笑的作用，曾给他们播放了一个实验中的一段录像：一个女人开始笑。她一开始笑的时候就像是在咳嗽。接下来她有节奏地把音调升高，一直到接近鸟叫那样的高音。在 20 毫秒的时间里，她把音高提高到了惊人的 1000 赫兹——这要比她正常说话的声音频率高了十倍。"这是能让人感觉舒服的笑。"学员们评价，专家又指向电视屏幕，下一部分的实验都是针对男人："她对我感兴趣。"当一个男人听到女人的这种笑声的时候就会忍不住要"想入非非"。

语言信息分析专家还告诉我们，笑是一种社交工具。当人独处的时候，他的喉部很少颤抖。吃吃地笑、轻声地笑和尖声笑只有在人和其他人共处的时候才会发生。发笑的人常常中断谈话，等笑完之后才继续交谈，而发笑的人自己很少注意到。"很显然，人们寻找机会笑。"一位心理学教授说。

另一个研究人员也做了一个关于笑声的实验：他分别让男人、女人以及不同性别的人坐在一起。每一个实验参与者都必须用铅笔为其他人画一个草图。他发现：虽然在三种情况下男人和女人笑的总共次数一样多，但是当男人们在一起的时候，他们更能笑。当女人和男人在一起时，女人们笑得更多。当女人和陌生男人交谈时，如果她只发出"哈哈哈"的笑声，那就说明她没什么兴趣。如果女人笑出声的次数越多，那么她对这个男人的兴趣越浓厚。当她的盈盈笑语和那个男人的话语同步产生的时候，她的兴趣就最浓厚。

女人用笑传递信号，女人为什么要比男人更掌握笑的艺术？这个试验表明，这是因为女人要比男人更需要主导"找伴"的过程。相对而言，男人不像女人那样挑挑拣拣，所以他们的交流技巧，包括笑的技巧，始终停留在比较粗糙的阶段。

虽然是对同样高兴的事，但各人的笑声却会表现出不同的形态。于是在研究一个人的心理并以此判断他是不是在说谎时，笑声是极为重要的参考因素，在喜怒哀乐的表情变化中，喜与乐、真与假的直接表现就是笑。要想知道别人喜怒哀乐的变化，看透对方处于真诚还是虚伪的精神状态当中，就要留意各人的笑声中表现出来的不同形态，那必然是与人不同的性格有关的。

对于不同种类的笑声所体现的性格与心态，相关专家通过大量试验、研究后得出一些结论。

1. 捧腹大笑——心胸开阔，有幽默感

当别人取得成就以后，他们只是真心地祝愿，而很少产生嫉妒的心理；在别人犯了错以后，他们也会给予最大限度的宽容和谅解。他们总是能够让周围的人感受到他们所带来的快乐。他们不势利眼，不嫌贫爱富，更不会欺软怕硬，比较正直。这种笑声给人的最直接的感觉就是真诚，因此当一个人发出这种笑声的时候，他多半不会说谎的。

从腹腔发出笑声的人，是所谓的"豪杰型"，他们的笑声经常是"哈哈哈"这种笑。一般人很难发出这样的笑声，这是身体状况极佳才有的笑声，平常若这样发笑必是体力充沛者。不过，这种笑声带有威压感，会震慑他人，因而使人心生警戒。

2. 悄悄微笑——内向害羞，心思缜密

喜欢悄悄微笑的人一般头脑都比较冷静，他们在绝大多数的时候都能让自己跳出所在的圈子以外，作为一个局外人来冷眼观察事情的发生和进展，从而使他们更有利于做出各种决定。有时候人们也用"冷眼旁观"的词语来形容他们，因为他们总是能够时刻保持冷静。

从另一方面也说明这样的人很善于隐藏自己，轻易不会将内心真实的想法透露给别人。所以当一个人喜欢悄悄微笑时，他们很有可能不会对你说实话。

3. 掩口而笑——含蓄内敛，温柔害羞

在生活中，经常会有那种笑时用双手遮住嘴巴的人，人们发出这一类笑声的时候，往往表明这些人比较害羞，他们的性格大多比较内向，而且很温柔。但是他们一般不会轻易地向他人吐露自己内心的真实想法，包括亲朋好友。所以当你和他交流的时候，他往往更倾向于用隐瞒或转移话题等方式来掩盖自己内心的真实想法。换句话说，当一个人在你面前发出这种笑的时候，那么他口中所说的话大多不具有可信度。

4. 无声的笑——内向感性，低沉抑郁

很多人在笑的时候习惯微笑，并不发出声音，这多属内向而且感性的人，他们的性情比较低沉和抑郁，情绪化比较强，而且极易受他人的感染。他们的性情比较温柔、亲切，能够给人一种很舒服的感觉。在交流当中，脸上一直挂着微笑的人往往是倾听的一方，而且给人很可靠、值得信赖的感觉，而他们的心性也确实比较真诚，当你问他们某件事的时候，他们往往不善于对你撒谎。

5. 呵呵偷笑——传统保守，压抑情绪

小心翼翼地偷着笑的人，大多是内向型的人，他们性格中传统、保守的成分占了很多，而与此同时，他们在为人处世时又会显得有些腼腆，但是他们对他人的要求往往很高，如果达不到要求，常常会影响到自己的心情。

6. 轻蔑的笑——性情冷漠，敏锐观察

对他人带有批评或轻蔑的心态时，笑起来笑声断断续续，让人听起来很不舒服。这种笑声已成习惯者另当别论。但一般人发出这种笑声即可断定商谈无法成功。因为这种人通常内心有不安、烦恼，希望借此压抑对方以获得快感。

这种类型的人性情大多是比较冷淡和漠然的。他们比较现实和实际，自己轻易地不会付出什么。他们的观察力在很多时候是相当敏锐的，能观察到他人心里在想些什么，然后投其所好，相机行事。

7. 爽朗的笑——真诚热情，果断迅速

开怀大笑，笑声非常爽朗的人，多是坦率、真诚而又热情的。他们是行动派的人，一件事情决定要做，马上就会付诸行动，非常果断和迅速，绝不会拖泥带水。这一类型的人，虽然表面上看起来很坚强，但他们的内心在一定程度上却是极其脆弱的。

8. 前仰后合——直言不讳，乐于助人

笑得前仰后合的人，性格直率而真诚。和他们做朋友是不错的选择，因为当朋友有了缺点和错误以后，他们往往能够直言不讳地指出来，而不会为了不得罪人而视而不见。他们不吝啬，在自己的能力范围许可内对他人的需要总是会给予帮助。

基于这些，在自己遇到困难的时候，也会得到来自他人的关心和帮助。他们会使大家喜欢自己，能够营造出良好的社会人际关系。

9. 笑出眼泪——感情丰富，乐观向上

笑出眼泪来是由于笑的幅度太大所致，经常出现这种情况的人，他们的感情多是相当丰富的，具有爱心和同情心，生活态度是积极乐观和向上的。他们有一定的进取心和取胜欲望。他们可以帮助别人，并适当地牺牲一些自我利益，却不求回报。

10. 笑声尖锐——精力充沛，忠诚可靠

笑声尖锐刺耳的人，多具有一定的冒险精神，且精力比较充沛。他们的感情比较细腻和丰富，生活态度积极乐观，为人比较忠诚和可靠。

口头禅间接反映人的性格

首先，我们必须了解——口头禅是一个人下意识的表现。它能反映一个人的内心，是不用说话的语言。相关社会心理学专家是这样解释口头禅的：口头禅是人内心中对事物的一种看法，是外界的信息经过内心的心理加工，形成了一种固定的语言反应模式，以至于出现类似的情形时，它就会脱口而出。

1. 口头禅折射出重大事件对人的影响

同事小王是个在办公室里极受欢迎的人。他为人活络，左右逢源，大家也都愿意和他聊，因为他的那句挂在嘴边的"还不错嘛！"的口头禅，在节奏紧张的职场中颇有化腐朽为神奇的力量。

那天，同事李大姐气喘吁吁地冲进办公室，丢下包，一屁股坐下，拿着手中的考勤卡边扇风边抱怨："没见过这么肉的司机，今天我都比平时早5分钟出门，结果那个'面瓜'司机，赶上了所有的红灯，害得我下车一阵猛跑，8点58分打的卡，多悬啊！"

"还不错嘛！"小王的口头禅又冒了出来，"还不错，没迟到,那位司机特为你算好了时间呢,不是还富余2分钟嘛!"

说的李大姐笑了起来,"嗯,权当跑步减肥了。"

小王的这句"还不错嘛"的口头禅一天要说N遍,遇到高兴的事,无疑是锦上添花,遇到烦心的事,小王的口头禅外加他那宽容、客观的劝解,无疑又是雪中送炭。早有同事说了,小王是颗"开心果"!

在职场中,要做到小王这样的好人缘可不容易,而他的那句口头禅也让他获益匪浅。

2. 一句口头禅间接地反映了一个人的性格

"真没劲""烦死了""有没有搞错"……日常生活中,这些口头禅时常灌进我们的耳朵,有的口头禅表现得比较主观、骄傲,相反,有的口头禅则委婉、谦虚。那么,挂在嘴边的口头禅到底反映了人们什么样的心理呢?

(1)"我晕""上帝啊"

喜欢用这一类口头语的人性格大多活泼、坦诚,不隐讳个人感情,但容易意气用事。一句"我晕",将所有的人和事一视同仁,等量齐观。

(2)"不靠谱"

老是把"不靠谱"挂在嘴上,事事担心,觉着"人人不靠谱",实际上是主观在"怀疑一切"。

这种人的性格属于多疑、苛刻型,既求细节又重结果,容不得半点差错和不顺心,典型的完美主义者。很多时候,他顾虑更多的是自己的感受,很难设身处地为他人着想,往往把一些意外因素主观地归结到他人身上。

(3)"对啊"

这一类人比较精明,不属于那种自我意识特别强烈的类型,他们比较善解人意,不会勉强别人按照自己的步调走,不会强人所难,不会斤斤计较,人际关系也不错,善于为自己打算。

(4)"很高兴看到你"

这种人性格开朗,待人热情、谦逊,喜欢参与各种各样的社交活动。他们是十足的乐观主义者,与他们相处,大家能收获快乐,所以他们常是外出旅游的好伴侣。他们的缺点是常常沉浸于幻想,容易感情用事。

(5)"其实"

这类人大多有一种自我欣赏的倾向,人也往往比较主观,而且常以自我为中心。性格大多任性而倔强,往往不易改变自己的想法。

(6)"我的个人想法"

喜欢用"我的个人想法……""是不是……""能不能……"之类词汇的人,一般都比较和蔼可亲,在人际交往中,也能做到客观、理智、冷静地思考,认真地分析,然后做出正确的判断和决定。他们很少独断专行,能够给别人充分的发挥空间,给予他人足够的尊重,反过来他们也一样很容易得到别人的尊重和爱戴。

(7)"我"

在人际交往中,有些人在谈话中喜欢使用"我"字,他们张口闭口都离不开"我""我的"等口头禅,这是一种儿童心理的表现,一般都具有很强的表现欲。

(8)"听说""据说""听人讲"

人之所以爱用此类口头语,是一种给自己留有余地的心理形成的。这种人大都见识广,处事圆滑,但决断力不够。

(9)"怎么样"

这种人自我表现欲强烈,但行动之前,喜欢反复考虑,不轻易采取行动;一旦做出选择,就会全力以赴地投身其中,不圆满完成,绝不罢休。

(10)"绝对"

喜欢用"绝对"两个字的人,往往比较武断,而且常常是以自我为中心,他们的很多想法是不合乎实际情况的,且大多有一种自爱的倾向。其实,他们的潜台词就是:"我是对的,你是错的!"

(11)"凭什么呀"

事情不该是这样的,却这样发生了。或出于心理失衡,或基于愤世嫉俗,总之,就是看不惯那些与意愿相悖的事,并以重复出现的这句口头禅来鸣不平,缓解郁闷。

这种人很正直,但又有几分神经质。对公平和特权十分敏感,"凭什么呀",其实是在诉苦,抑或是在控诉,典型的"愤青"情结。

(12)"亲爱的!"

"亲爱的"之后,可能是"帮我把这个文件弄好""替我想个办法"之类的要求,类似驴子眼前的胡萝卜,也可能是在委婉地表达不满,给个巴掌前,先给个甜枣。

喜欢用这个口头语的人一般都比较潮流，传统观念淡薄，愿意改变自我，遇事积极主动，对人际关系观察敏锐。但有时多变，易受情绪影响，很可能刚刚还在叫你"亲爱的"，现在却气急败坏。

（13）"你先听我说"

喜欢说"你先听我说"这样口头语的人在生活中大多比较在意自己的看法，而一个"先"字，表露出他担心对方误解自己的心理。总之，他一方面希望别人重视、尊重他的意见；另一方面又在担心别人对自己的误解。这种类型的人自信心和控制欲都很强，自认能将对方说服，令之相信。沟通中将别人打断，或不让对方说话，又表明他的性格有些急躁，内心常有不平。

（14）"不信咱打赌"

假如一个男人的口头禅经常表露要跟你打赌，并不证明他一定有把握，因为这类男人有时更易相信侥幸。假如中奖率与车祸比率差不多，他宁愿相信中头彩，也不愿相信自己会遭车祸。喜欢用这种口头语的人性格比较自信，敢于冒险，但有时盲目乐观，对负面结果估计不足。固执己见，认定的事情一般人很难扭转。他未必好赌，但"赌徒"心理时常会左右他做出不恰当的决策和举动，让事情朝着不好的方向发展。

口头禅作为一个下意识的表现，它可以帮助我们去认识一个人。因为口头禅反映了人们的一种情绪，人当时的一种心态，同时也间接地反映了一个人的性格。

第九章

尽在"掌"握：握手表露的心理信息

从握手感知对方的性格

握手起源于中世纪的欧洲,当时由于战争频繁,陌生人在见面的时候往往分不清敌友。为了减少误伤,又因为大多数人惯于使用右手,所以人们会放下手中的武器并张开双手,表示自己愿意接近对方,接着用右手握住对方的右手,就不用担心对方会拿出武器攻击自己。

现在,握手在社交中已变得相当普遍,除了传统的表示友好、亲近外,还表示见面时的寒暄,告辞时的道别,以及对他人的感谢或祝贺、慰问,等等。

美国心理学家伊莲嘉兰指出,一个人握手时所采用的方式很能反映出他的个性,一些下意识动作能够暴露他的思想。

比如说,如果掌心向下,表示此人心高气傲,喜欢高高在上,其支配他人的意识较强;如果掌心向上,则表示握手者性格温顺,乐于服从,而且为人谦虚恭顺;如果两人都垂直手掌相握,即表示两者都愿意以彼此平等的地位相交往。商务交际时,若对手属于平等型,则交往时可以较为开放地表达自己的意见;如对手属于支配型,则应采取"顺毛摸"的办法,哄着对方就范;如对方是温顺型,则应实实在在和对方打交道,否则有可能"吓"跑对方,生意也肯定就会告吹。

握手时的力量很大，甚至让对方痛楚难忍，这种人多是逞强而又自负的；但这种握手的方式在一定程度上又说明了握手者的内心比较真诚，同时，他们的性格也是坦率而又坚强的。

握手时显得不甚积极主动，手臂呈弯曲状态，并往自身贴近，善于煽情。这种人多是小心谨慎、封闭保守的。

握手时只是轻柔地轻握，握得不紧也没有力量，这种人多内向，他们时常悲观，情绪低落。

握手时显得迟疑，多是在对方伸出手以后，自己犹豫几秒钟，才慢慢地把手递过去。除了一些特殊的情况，在握手时有这种表现的人，多内向，且缺少判断力，不够果断。

不把握手当成表示友好的一种方式，而把它看成是例行的公事，这表明此种人做事草率，缺乏足够的诚意，并不值得深交。

一个人握着另外一个人的手久久不放，这是检验支配力的做法。如果其中一个人先把手抽出、收回，说明他没有另外一个人有耐力。相反，另外一个人若先抽出、收回手，则说明他的耐心不够。总之，谁能坚持到最后，谁胜算的把握就大一些。

在与人接触时，把对方的手握得很紧，但只握一下就马上拿开了，这样的人在与人交往中多能够很好地处理各种关系，与每个人都很友善，可以做到游刃有余。但这可能只是一种外表的假象，其实在内心他们是非常多疑的，他们不会轻易地相信任何一个人，即使别人是非常真诚和友好的，他们也会加倍地提防、小心。

握手时非常紧张,掌心有些潮湿,这既是表示情绪高涨,有时也是心理失衡的表现。有些女性表面上看来冷若冰霜,但若握住她的手,却发现她的掌心有汗迹,则可能是因为男性的容貌、身体,或者语言、气氛等,引起了她的某种兴奋。

有的人握手时显得没有一点力气,好像只是为了应付一件不得不做的事情。他们在大多数时候并不十分坚强,甚至很软弱。他们做事缺乏果断、利落的干劲和魄力,显得犹豫不决。他们希望自己能够引起他人的注意,可实际上,其他人往往在很短的时间内就会将他们忘记。

把别人的手推回去的人,他们大多有较强的自我防御心理,常常缺少安全感,所以时刻都在做着准备,想在别人还没有出击但有这方面倾向之前,自己先给予有力的打击,占据主动。他们不轻易让人真正地了解自己,如果是这样,他们的不安全感会更加强烈。他们之所以这样,在很大程度上是由于自卑心理在作怪。他们不去接近别人,也不允许别人轻易接近自己。

习惯于抽水机般握手方式的人,大多有相当充沛的精力,能同时应付几件不同的事情。他们做事非常有魄力,说到做到,干脆利落。除此以外,这一类型的人为人也较亲切、随和。

像虎头钳一样紧握着对方的手的人,在绝大多数时候都显得冷淡、漠然,有时甚至是残酷。他们希望自己能够征服别人、领导别人,但他们会巧妙地隐藏这一想法,运用一些策略和技巧，在自然而然中达到自己的目的。 从这一方面来说，他们是很工于心计的。

从握手探知对方的诚意

为了表示自己的清白或者展示自身的诚意，人们通常会摊开手掌，向对方说一些"我没做过""如果是我做错了，我道歉"或者"坦白告诉你吧"之类的话。 在人们开始袒露心扉，或者想说真话的时候，他们很可能会在无意间露出全部或部分手掌。 与大多数传递微小信息的肢体动作一样，这完全是一个下意识的动作。 而当看到这样的动作，直觉就会告诉你，他没有撒谎。

每当孩子们撒了谎，或隐瞒了什么事情，他们通常都会把自己的手藏在身后。 同样的道理，假如一个男人彻夜未归，当他面对妻子的诘问时，为了隐瞒昨晚的行踪，不让妻子知道他与其他男人夜游不归的事实，他很有可能会在回答妻子提出的问题时把手藏在口袋里，或者摆出一个双臂交叉抱于胸前的姿势。 但是，他的这一动作却反而会让妻子觉得他在撒谎。 当一个女人想隐瞒某事的时候，她通常会刻意地回避这个问题，或是谈论其他与之毫无关系的话题，与此同时，她很可能还会做一些其他的事情，从而分散对方的注意力。

在一些培训课程中，老师们会告诉推销员，当顾客向自己陈述拒绝购买的理由时，一定要认真观察顾客双手的一举一动。因为，假如对方拒绝购买的理由成立，他们通常会将自己的手掌暴露于对方的视线之内。在坦率地说出拒绝购买的理由这一过程中，人们除了陈述理由，通常还会做出一些手部动作并且会不时地亮出自己的掌心。不过，假如对方只是想找出理由搪塞销售人员，他可能也会说出同样的一番话，但是却会将自己的双手隐藏起来，躲避销售人员的视线。

将双手置于口袋之中也是男人们比较偏爱的一种姿势，可是，你知道这个姿势背后的含义吗？当男人摆出这个姿势的时候，他其实是想借此告诉你，他并不想加入到这次的谈话中来。

总体而言，我们通过手掌所发出的"信号"远远多于身体的其他部位，所以手掌就好比我们肢体语言的发声带，当我们将双手藏起来或置于一边时，就好像是被人堵住了嘴巴，什么都说不出来了。

握手显示人的个性

在罗马帝国时代，两位领导者见面时的场景，在现代人看来，无异于一场摔跤。经过一番比画和较量，力量较强的一方最终会将手臂压在另一方的手臂之上，获得双方交往中的控制权。久而久之，这样的情景就演变成了我们今天的一句习语：优势地位。

假设你与某人是第一次见面。见面之后，你们俩便握手致意。通过握手这一动作，你感受到了对方于不经意间传递过来的一些微小的信号，从而也就对他有了一个初步的印象，同样的，对方在同一时刻也对你做出了初步的评价。评价的依据大致分为以下三种：

（1）强势：他有强烈的控制欲望，并且想将我也纳入他的控制范围。我最好得提防着他。

（2）弱势：我完全可以控制住这个人。他一定会按照我的要求去做的。

（3）平等：和这个人在一起，我觉得很舒服。

以上这些信息全都是我们通过握手这一简单的动作，于无声之中传递给对方的，但是，这却能够对我们任何一次会面的结果产生直接影响。

我们可以在与他人握手时将手掌翻转，使自己的手心朝下，从而给对方制造出一种强势的感觉。在这一动作中，并不需要将手掌翻至完全水平朝下的位置，你只要将对方的手稍稍压低，使自己的手掌始终位于其手掌之上就行了。如此一来，对方就会感觉到你希望成为这次会谈中的操控全局的人。

为此，专家针对350位高级行政主管（89%为男性）开展了调查研究。结果显示，在各种面对面的会谈中，这些主管不仅是握手邀请的发送者，而且88%的男性主管和31%的女性主管在握手时都会采用这种能够制造强势效果的握手方法。 与男性相比,女性对于权力和控制权的欲望显然较弱,而这也许就解释了为何只有三分之一的女性会采用这种制造强势效果的握手方式。 同时,专家也发现,在某些社交场合,有些女性会在与男性握手时特意采用一种轻柔的方式以表恭顺。 这是她们彰显自身女性特质的一种方法,或者说,她们想借此暗示对方她们有可能会愿意成为被统治的一方。 但是,假如事件发生的背景换成了商务会谈或谈判,同样的握手方法却会给女性商务人士带来极其不利的负面影响,因为其温柔的握手很可能会使男性的注意力全都集中在其女性特质上,而忽略了她作为商业合作伙伴的身份。

尽管无论从时尚潮流而言,还是从政治角度上来说,"人人平等"已经成了这个时代的主流思想。 但是,在工作场合使用这种温柔的握手方式,却仍然会遭受其他工作伙伴(包括女性)的轻视。 不过,职业女性也无须为此而忧心忡忡,因为这并不代表职场中的女性必须处处都表现得巾帼不让须眉。 只不过,如果她们希望能够赢得与男性平等的地位和信誉,就应当尽量避免诸如温柔的握手方式、穿短裙和高跟鞋之类凸现女性特质的行为。

通过握手降低对方的强势

伸直手臂,手心朝下的握手方法很容易让人回想起当年纳粹霸气十足的敬礼。的确，在所有握手的方式当中，这是最强势的一种握手方法，因为这几乎没给对方留下任何建立平等关系的机会。采用此种握手方式的人通常性格孤傲、控制欲强，而且在大多数情况下，他也都是首先发出握手邀请的人。他们笔直僵硬的手臂以及向下的手掌迫使对方不得不迎合他们，采用手心向上的弱势握手方法。假如你发觉对方有意使用这种霸道的握手方式，企图置你于不利的境地，可以采取下面的方法瓦解对方的强势进攻。

1. 右进法

首先，在对方率先伸出手、发出握手的邀请之后，你可以在伸手回应的同时向前迈出左脚。只要稍加练习，我们就能够熟练地掌握这一动作，因为当我们伸出右手握手的同时，90%的人都会很自然地随之迈出左脚。

紧接着，你再跟着迈出右脚。于是，你的整个身体便会随之前移，进入到原本属于对方的私人空间内，而此时你的左腿也会因此而产生向前移动的倾向。这时，我们的全套动作也就完成了。到这时，你再握手时，就会发现情况已经发生了微妙的变化。

这种方法可以帮助你巧妙地躲避开对方笔直的手臂，提前占据握手时的有利位置。有时候，利用这种方法甚至可以使你反败为胜，通过握手取得交际控制权。当你迈出左脚的时候，你也就很自然地站到了对方的前面；对方先发制人，凭借笔直伸出的手臂获得了空间上的优势，而你则巧妙地利用脚步的移动占据了有利的地面位置。两相比较，双方最多也就算是打了个平手。 而且，你向前迈步实际上是对对方个人空间的一种侵犯，细想起来，你还略胜一筹。

2. 双手握手法

当你遇到对方企图以强势的握手夺取控制权的情况时，除了采用第一种方法，你还可以先顺势回应以手心向上的手势，随后再立刻送上左手，用双手牢牢握住对方，最终压制住对方来势汹汹的右手。

这种方法可以轻松将控制权转移至你的手中，而且尤其是对女性而言，这种方法使用起来更加简单便捷。

如果你觉得对方经常会刻意地利用握手来挑衅或者胁迫自己就范，你完全可以在握手时直接握住其手腕。 这样的方法更加直接，能够对一个强权者产生震撼性的效果，所以你需要有选择地使用这一方法，不到万不得已之时，最好不要使用这一极端的握手方法。

第十章

笑容背后：笑容演绎的心理风暴

笑声的言外之意

笑的种类很多，有时人们是觉得某事好玩或可笑而发笑，但也有些笑是讥讽的、阴险的，或是嘲弄的、恶毒的。通过比较不同的笑声，我们会得出不同的结论。

哈哈大笑显示了一个人蓬勃的生命力，表示个体的压力、紧张通过发泄得到了缓解。这种紧张感正是由笑话所引起的，又在高潮时经由笑声而释放出去。它传达了人们愉悦的心情，而与其他各种笑的意义完全不同。

嘿嘿的笑声与哈哈的笑声听上去完全不一样，在别人心中激起的感情也不一样。"哈哈"的笑声极富感染力，很容易就影响到别人；而"嘿嘿"几乎没有这种功能。"嘿嘿"的笑声表示人们是在嘲笑别人，是在幸灾乐祸，当然也可表示某人对某事无法理解。

有时，就算是用"嘿"来打招呼也显得很不礼貌，它有一种轻蔑的意味。"嘿嘿"也有轻视、讥讽或是挑衅的意味。

但是当有些人不敢放声大笑时，也会发出这种"嘿嘿"声，他们属于内向的人。人们会有这种印象：这些人笑不敢露齿，因此永远也发不出爽朗的哈哈大笑之声……

"嘻嘻"的笑声听起来与"哈哈""嘿嘿"的感觉又不

一样。"嘻嘻"的笑声听上去像"窃喜",或是"暗暗幸灾乐祸"。

"嚯嚯"的笑声可以解释为"惊奇、嘲弄"。当某人压根没有预料会出现令他"大吃一惊"的可笑之事时,可能会突然爆发出这种笑声。发出这种笑声的人可能根本没有在笑,只是发出了"嚯!嚯!"的声响。

几种常见的微笑

以下是对在日常生活中常见的几种微笑形式的总结与分析。

1. 抿唇笑

人们在露出这种微笑时,双唇紧闭且向后拉伸,形成一条直线,完全看不见双唇后的牙齿。这种微笑的内在含义是,微笑者隐藏了某个不为人知的秘密,或是他不想与对方分享自己的想法或观点。女性在遇到自己不喜欢的人而又不想让对方知道这一点的时候,通常会露出这样的笑容。在其他女性看来,这种微笑其实就是一种非常明显的拒绝信号。然而,大多数男性却甚少能明白这种微笑背后的深意。

比方说,一个女人在谈论别的女人时可能会这样说:"她是个相当有能力的女人,很清楚自己想要什么。"说完，她就露出了紧闭双唇式的微笑。其实，她的真心话应该是："我觉得她是一个野心勃勃的女人，简直就是个爱出风头的小妖精！"

杂志上经常会刊登一些成功人士的照片。从他们的照片中，我们也能看见同样的微笑，而那笑容则仿佛是在对我们说："我已经掌握了成功的秘诀，你们猜猜是什么呢？"

在这些人物访谈中，被采访的成功男士们大都会谈论一些如何获得成功的基本原则，可是，他们当中却很少会有人将自己获得成功的具体方法和细节公之于众。

2. 歪脸笑

在一张扭曲的笑脸上，两侧脸庞的表情恰好相反。右半脑发出指令，左边的眉毛向上扬起，与此同时，由于左侧的颧肌的收缩，左边的脸颊上便浮现出了一种看似微笑的表情。而在左半脑的命令下，右边的眉毛却因为眼轮匝肌的收缩向下沉，而嘴角和整个右侧脸颊也微微下移，就会露出一种皱眉式的表情。

歪脸的微笑是西方人的专利，大都是人脑意识作用的结果，其所传递的信息也只有一个——挖苦讽刺。

3. 开口大笑

这种笑容看起来有些不太自然。人在开口大笑时，嘴巴张开，下巴低垂，嘴角上扬，给人一种很开心的感觉。《蝙蝠侠》系列电影中与蝙蝠侠作对的那些丑角，还有比尔·克林顿以及休·格兰特他们都十分钟爱这种笑容，而且喜欢利用它在观众当中营造一种快乐的氛围，勾起他们想笑的欲望，或是为自己赢得更多选票。

4. 斜瞄式的微笑

微笑时双唇紧闭，同时还低下头，歪向一侧，并且斜着眼睛向上望，这样的笑容不禁会让人联想到少年时的俏皮和心思暗藏。无论何时何地，女性都喜欢在异性面前露出这种略有些腼腆害羞的笑容，因为这样做很容易引发男性体内的保护欲，使他萌生出保护她不受伤害，呵护她的念头。已故的戴安娜王妃就是用这样的笑容征服了全世界。

戴安娜王妃的这种微笑会让男人产生出一种想保护她的欲望，同时也让女人喜欢上她。对男人而言，这种既俏皮又有些腼腆的微笑是一种极具挑逗性的信号，也是一种鼓舞他们"向前冲"的暗示，所以，大多数女性会在求爱时使用这种微笑也就一点也不足为奇了。现在，威廉王子的脸上也常常会浮现出这样的微笑。除了笼络人心的作用之外，这样俏皮的微笑恐怕还会让人们由此联想到他的生母戴安娜王妃吧。

真笑与假笑

波拿多·奥巴斯朵丽在《如何消除内心的恐惧》中说：

"你向对方微笑，对方也报以微笑，他用微笑告诉你：你让他体验到了幸福感。由于你向他微笑，使他觉得自己是一个受别人欢迎的人，所以他也会向你报以微笑。换言之，你的微笑使你感到了自己的价值。"

于是有人把微笑这一"体语"比喻为交际中的"通用货币"，人人都能付出，人人也都能接受。

那么，如何辨别微笑这一"交际货币"的真伪呢？

"真诚"的笑也被称为"杜兴笑"，因为纪尧姆·杜兴曾用带电的电线戳调查对象的脸部，而"发现"了与笑相关的肌肉。我们看到这种笑容时，对方的嘴角会卷起，眼眶变成半月形，而眼眶内角皱起的鱼尾纹也会泄露对方心中的诚意。

很少有人能装出真诚的微笑，因为这样笑的时候，一块很特殊的肌肉必须参与其中。这块肌肉便是轮匝肌，它使眉毛以及上眼皮与眉毛之间的皮肤都会向下拉。有些人可以装出翘起嘴角的样子，但是，能使眉毛完全紧缩或者鱼尾纹完全皱起的人并不多。

假笑的方式有好几种。通常情况下，要双唇紧闭、嘴角稍向上扬。如果一边的嘴角向上抬，那可能表示既无奈又俏皮的苦笑；如果上嘴唇抬起，可能代表"讥笑"，更多含有蔑视和下结论的意思。

有的假笑乍看上去也可能像是平常的微笑。不过，我们可以通过笑容的某些特征来区分这种以假乱真的笑容和真笑。当我们因为开心而面露笑容时，眉尾也会随之微微下沉，而假笑则不会出现这种情况。

一般来讲，诚恳的笑要比虚伪或"应景"式的笑显得更协调，但这种笑不会持续太久。不过，真诚的笑能为你带来极大好处，它能促进皮肤的血液循环，还能促进血清素和多巴胺等物质的释放，而这些物质都是与快乐和幸福相关的神经传导素。没有什么比你脸上的诚恳笑容更让人身心愉悦的了。

快笑与慢笑

"突然咧嘴笑一下"，这不一定是好事。最新研究显示，人们认为快笑（从脸上一掠而过，时间不超过0.1秒）比慢笑更加显得不诚实，对女性尤其如此。相比之下，无论男女，都认为慢笑（起码会在脸上停留半秒钟）的人更为真诚。

人们在做错了事的时候，往往会飞快地笑一下。老师要检查学生的作业时，如果学生的脸上掠过一丝非常紧张的笑意，那可能就表示他的作业没有做好，或是把作业落在家里了。他所要表达的意思可能是："这次就可怜可怜我吧！"

有时，快速笑一下也可能只是表示想逃避责任。

慢笑让人看上去更有吸引力，更值得信任。小伙子头一次与姑娘见面时，绝对应当考虑这个问题：慢笑只要运用适度，就会逐渐展现你的思考过程，从而让她觉得，你之所以笑，是因为对她的综合评价很好，她心中定会美滋滋的。

嘲笑

用身体语言嘲笑对方通常发生在双方没有矛盾、关系一般的时候。

嘲笑的一种是耻笑。耻笑者在发出这种嘲弄信号时往往用手捂住嘴，掩饰笑的动作，同时又故意将笑的动作显示给对方。他们做这个动作时，就好像是在说："你很可笑，但又不值得我笑！"

另一种嘲弄信号是撇嘴，下唇向前伸出，嘴角用力向下拉。这种行为通常暗示蔑视或看不起。

还有一种类似的蔑视信号，即斜瞄着眼睛。当蔑视者想贬损对话者时，他不是用眼睛看着对方，而是将眼睛眯成一条缝，也就是我们常说的"门缝看人"。这个信号的意思似乎是"你可笑得都不值得我看一眼"。

第十一章

习惯动作：从行为动作解读内心

敲门所展示的身份信息

敲门，是生活和交际中经常出现的动作细节。一般来说，我们到朋友家做客或者进入公司、客户的办公室的时候，都需要用这一动作。这也成了生活中应用得非常普遍的一个动作，通过这一动作细节，我们可以推断出很多有价值的信息。

1. 敲门声热烈而激昂

当听到热烈激昂的敲门声，会给人余音不绝的感觉，我们可以从这个声音中听出会有好事发生，因为这是一个欣喜的人传达好消息的声音。

2. 敲门声轻柔而富有节奏

当听到轻柔沉静，却富有节奏的敲门声，会给人踏实的感觉，既不让人觉得紧张也不会被忽视，这样的人一般都是很文静的人，他们的来访也许只是一般的公事。

3. 敲门声轻软无力

当听到轻软无力、细若蚊声的敲门声，开始都不一定能够引起我们的注意，这表明敲门的人是一个缺乏自信、怯懦的人，他也许是刚刚入行的推销员，也许是一个想提出请求却还没想好怎样开口的人。

4. 敲门声干涩而无劲

当听到干涩无劲的敲门声，会让我们觉得有一潭死水在那里，这让我们的心情也有些压抑，因为门外是一个非常苦闷的人，也许他是来找我们诉苦的。

5. 敲门声短促而响亮

当听到短促凌乱、响若雷鸣的敲门声，常给我们形成紧张的感觉，这也表明敲门者是一个急躁的人，他的来访不一定非常重要，但是他的表现却是非常着急。

6. 敲门声清脆急响

当听到清脆急响的敲门声，就像卵石相击那样，我们会明显地感觉到这个人的气势，这时门外也许正站着一位非常好胜的人。

7. 敲门声沉重而迟缓

当听到一个沉重迟缓的敲门声，会让我们感觉像干裂的木柴，或者干涸的河床，这样的人多半都是很忧郁的，所以他们会在一些细节的动作中，将他们的忧郁无形地传递给他人。

8. 敲门声稳健响亮

当听到一个稳健响亮，犹如在泰山压顶的敲门声，我们可以推断出敲门者是一个办事沉稳的人，也是一个非常讲究礼貌的人，他的敲门声往往也表示出他一定是有非常重要的事情要说明。

从写字的笔迹读懂性格

近年来，在欧美许多国家中，"笔迹学"已成为心理学的一门重要的分支学科，不少名牌大学已把它定为选修课。许多学者在继承中国古代"笔相学"及西欧现代笔迹学理论中合理成分的基础上，又从多种角度对笔迹和书写活动加以探索和研究，又提出笔迹的心理分析的观点。

著名的心理疗法专家威廉·希契科克经过长达二十年对笔迹学的研究认为，笔迹是一个人的性格、智力水平和思维逻辑的具体反映，并得出以下一些具体的结论：

笔画轻重均匀适中，说明写字的人比较沉稳，自控能力很强，凡是决定要做的工作定能竭尽全力去完成；相反，那些笔画不均匀的书写者多半性子比较着急、脾气暴躁、喜爱竞争，但又喜欢在背后做小动作，耍小聪明。笔画过重的人比较多疑，笔画过轻的人往往比较自卑。

如果一个人的字迹棱角分明，说明写字的人爱憎分明，立场坚定，观点鲜明，不容易被说服，这种人很可能会比较固执，如果有人和他观点不同，即使争执得面红耳赤也不会改变自己的立场。相反，字迹圆滑者大多人际关系很好，对朋友很随和、办事老练，适合做人事管理工作和协调工作。

与威廉·希契科克不同的是，另一位笔迹学专家爱维认为：手写其实也就是我们的大脑在写，一个人从笔尖所流露出的实际上是人的潜意识。虽然人的手臂的书写动作纷繁复杂、多种多样，但由此而写出的字体就是人的内在心理世界的外部行为表现。有道是"字如其人"，我们通过观察一个人的笔迹，亦可以了解一个人内在的潜意识和性格、心理特征。

字体饱满、笔画搭配匀称，写字速度又较快者通常比较忠诚，无论是对于一个公司来说还是对于自己的伴侣来说，都是如此。而字体方正、结构严谨以及点画有力者一般记忆力很好、责任心较强、办事细致；字体长短、大小均搭配很好、错落有致者，通常适应能力很强，善于变通，适合做打通人脉、协调人际关系一类的工作。

很会模仿他人笔迹者，通常不太会创新，适合做重复性较强的工作，但又能独当一面；如果这个时候，他的字迹写得较正常的要小，运笔轻重适度，则说明这个人内心比较拘谨，暗藏心机，喜怒不形于色，遇事能沉着应对。

笔迹求异变形者，通常是富于冒险精神的人，敢于打破常规，另辟蹊径。还有的人在书写时，不能书写整齐，越写越往上或者越写越往下。一般来说，往上者说明这个人比较积极乐观，而往下者则说明这个人比较悲观。

除了以上这些以外，还要重点来说一说字体的大小和形状，看看它们分别透露了什么样的性格信息。

（1）字体大小适中：如果一个人写的字，字体大小适中且端正工整，说明书写人对人和善，温柔审慎，行动从容不迫，不慌不忙。

（2）字体小：习惯于写小字的人一般喜欢内省，不喜欢被他人注意。他们有良好的观察力和专注力，办事认真谨慎。若是字体小，并且越写越往上，表明书写者喜欢做一些细致的工作，注重家庭，以家庭为核心，能自我牺牲、自我奉献；若是字越写越往下，表明书写者性格软弱，比较自卑，气量比较小，容易多疑。

（3）字体大：习惯于写大字的人通常好表现，做事比较迅速但有些鲁莽，以自我动机为行动导向，做事有目的、有计划，不注重细节，也是自我为中心。

（4）字体垂直：写字字体垂直的人注重实践，独立自主，头脑理智、清晰，根据自己的分析判断来做决定，一旦做出决定后，就不容易改变。自我控制力强，行事谨慎、有节制，认真，忠于职守，责任感、原则性强，情感反应不强烈。

（5）字体倾斜：单字习惯向左倾斜，说明书写人分析力、判断力强，理智能支配感情，不会感情用事；每个单字都习惯向右倾斜，说明书写人比较热情开朗，乐于助人，待人接物均能以诚相待；字行习惯向上倾斜，说明书写人是个欢快乐观、力求上进，并总是精神焕发、希望成功的人，这种人往往雄心勃勃，有远大的抱负，并且能以较大的热情和充沛的精力付诸实践。字行习惯向下倾斜或不规律，则说明书写人喜怒无常、情绪不稳定，遇到挫折容易悲观失望。

（6）字体扁：写字较扁的人一般有自己的主见，不容易受外界客观环境的影响，充分相信自己，做事条理分明，有目标，有计划，但有时也会固执己见，走向极端，显得刻板有余而灵活不足。若是扁字右倾，说明书写者有思想、有抱负，待人热情，热爱生活，乐于助人，容易与人相处。若是扁字左倾，说明书写者性格逆反，上进心很强，能吃苦耐劳，做事持之以恒，坚韧不拔，但对现实社会常感愤懑不平，因而内心充满痛苦。

　　（7）字体方正：字形方正、一笔一画、笔压有力的人一般精力比较充沛，为人有主见，个性刚强，做事果断，有毅力，有开拓能力，但主观性强，固执。

　　（8）字体圆形：习惯于书写圆形字的人，一般性情比较温和，心地善良，善解人意，通情达理，重感情，性格坚韧，社会现实适应性强。为人处世采取中庸之道，不偏执一端，不喜欢与人产生正面冲突，自我克制能力强。行事审慎，考虑周全，但过于克制自己本能的需求，行动不够果敢，做重大决定时常常犹豫不决。

　　（9）字体为长方形：习惯于书写这种字体的人一般有信心，乐观向上，富于行动性，处世爱憎分明、态度明朗。具有反传统、反习俗和勇于开拓的精神。若是长方形的字体向左倾斜，反映书写者好内省，情绪比较压抑，关注自己，自我比较封闭，对周围环境反应冷漠。若是长方形的字体向右倾斜，反映书写者性情豪爽、心胸宽广，喜欢竞争。性格张扬外露，容易得罪人。

　　经过对人们的笔迹进行分析，可以帮助你尽快了解对方的性格特点，增进双方的了解，除了能在关键时候识破对方的真心外，还能使双方相处融洽。

从乱涂乱画看人的性格特征

我们每个人都有这样的经历：在漫不经心或者闲得无聊时，在发呆、开会、听课时，都喜欢在纸上随手乱涂乱画。这种看似无意的行为，是如何透露个人信息的呢？人类行为学研究专家经过多年研究证实，这种无意识的涂画，恰恰能真实地表露出涂画者的某些个性和心理。

（1）喜欢涂画圆形者，胸怀韬略，凡事有一定的规划和设计，喜欢按照事先的准备行事，但不到时机不轻易外露。这类人知道如何为自己的将来制订计划。

（2）喜欢画波形的人，大多灵活性强，反应快，个性随和，而且富于弹性，能适应不同的环境，善于自我安慰。

（3）喜欢涂画三角形的人，理解能力和逻辑思维能力多比较强。在绝大多数时候能够保持头脑清醒，思路清晰，他们喜欢经过逻辑推理来寻找结论。

（4）喜欢画连续性环形图案的人，多能够将心比心，站在别人的立场上为别人着想，通情达理、有安全感，同时他们对现状感到满足。

（5）喜欢画不规则图形的人，悠然自得，安静恬然，能对生活做出合理安排。

（6）喜欢涂画锯齿图形的人，为人比较敏感，思想深刻，有分析能力和批判能力。

（7）喜欢在一个方格内胡乱涂画不规则线条的人，说明他心理压力很大，但仍然比较积极，不会一次而产生悲观厌世的想法，对人生还抱有很大的希望，并努力朝着理想的方向努力。

（8）喜欢画平面几何图形的人，喜欢思考，逻辑性很强，他们对于自己的信念和想法往往比较执着，很难听进别人的意见。同时，也很难容忍想要改变自己的人。因而在为人处世方面，多少显得有一些保守。

（9）喜欢画立体几何图形的人，比较实际，情绪有时候会有起伏，但在大多数时候能够做到收发自如。面对不同的情况时，他们能够及时调整自己。同时，这样的人往往有很好的经济头脑，是做生意的好料子。

（10）喜欢画云朵一样弯曲造型的人，接受新鲜事物的能力很强，而且也具有很好的适应能力。在遭遇困难的时候，他们多能够不慌不忙，保持相对的冷静，积极寻找解决的办法。

（11）喜欢画植被以及田园生活的人，对形状和颜色的鉴赏力通常比其他人都要强，他们在文学、艺术等方面大多都具有相当的才华和成就。性情温和，与世无争。

（12）喜欢随手在纸上写自己的名字，并用各种不同的字体书写的人，通常比较自我，且有很强的自我表现欲，但同时又经常感到迷茫和无助，不知道自己怎么做才好。他们不断地重复写自己的名字,其实是对自己内在的一种肯定。

(13)喜欢画代表情绪面孔的人,通过其画的不同面孔,也在表达着不同的内心情绪。比如:喜欢画笑脸的多是容易知足者;喜欢画苦瓜脸的,多代表他们的内心是很痛苦的。

(14)喜欢写句子的人,一般文化水平较高,喜爱读书,但常生活在幻想中,想法和做法有点不切合实际。

(15)喜欢画眼睛的人,容易怀旧,不太容易接受新事物,且其性格中比较容易多疑。

从等人的习惯动作看性格

等人,是每个人都有过的经历,尤其是在忙碌的都市生活的人,更是免不了是为朋友聚会等人。等人的滋味有多种,着急、不乐意、担忧、疑惑、气愤、无奈、安然自得……那么,你是如何等人的呢?

1. 双臂交叉于胸前,很不耐烦

持这种等人姿势的人是一个坚持己见又很重视策略的人,往往既能达到自己的目的,又可以让对方心服口服,保持良好的人际关系能让他在各方面更加出色。感情生活里,这种人是刚柔相济的智能型人物,能从容地把握自己的爱三心二意的人，不太容易集中注意力，非常容易随着其他事物的改变而转移自己的注意力，若这种人不能改变自己的不良做法，将来很可能会成不了大事。

3. 手边备好纸笔，随时记录

这类人工作中，对自己要求严格；做事虽然很严谨，但不太讲究技巧，创新能力不足，缺乏想象力。在生活中，他们比较体贴、周到，会照顾人，即使是很细小的事情，也能考虑周全。如果一个人在讲电话的过程中，才突然想起来要备好纸笔来做记录，说明他们脑筋灵活，转弯很快，很会随机应变，但有时会因这种欠缺周全的想法而显得自己做事比较鲁莽草率。

4. 讲电话时，拿着纸笔乱画

在讲电话时，如果手拿着纸笔，但没有用来做记录，而是自己在漫不经心地随手乱画，说明这类人在听电话心不在焉，处于非常无聊的状态。他们多半是对对方的讲话失去耐心，不感兴趣。同时，如果一个人对某种状况感到紧张时，他们也会做出这种动作，以此来掩饰自己内心的紧张情绪，内心却可能正在思谋对策。

5. 打电话时喜欢附带着代表感情的动作

尽管这种动作通常是情不自禁、自己并不自知的，但却说明他们一般比较感性，情绪容易波动；待人比较真诚，品性耿直。

从酒后的行为表现看性格

酒是人们情感交流的纽带，推杯换盏，觥筹交错间距离更近，情谊更浓。饮酒还有一个作用，通过观察人们酒后的表现，还能了解他们的性格特点。

1. 酒后狂躁型

有的人喝完酒后怒火中烧，看谁都生气，摔盘子摔碗，动刀动枪，狂躁不安。这种类型的人性格内向，平时少言寡语，生活很不如意，自尊心很强。

2. 酒后交际型

有的人酒后侃侃而谈，说话思维敏捷，既能通达上级，也能体恤下属，能在酒桌上把自己想说的话都说出来，把想办的事都办成。这种类型的人，性格比较内向，只在特定的时间和场合才喜欢展现锋芒。

3. 酒后骚扰型

有的人酒后喜欢和人开玩笑，无论大人孩子都不放过，甚至能把大人弄生气了，把孩子弄哭了。这种类型的人性格开朗，热爱生活，是典型的现实主义者，面对不平坦的人生之路，依然一心向上。

4. 酒后倾诉型

有的人喜欢喝完酒之后就找一个自己信赖的人倾诉。如果他比你年龄大，能从你一岁说到现在；如果他比你小，能从记事时一直说到现在。这种类型的人，平时比较内向，有思想，有见解，只有在酒精的作用下才能表达自己。

5. 酒后郁闷型

这种类型的人喝完酒后郁郁寡欢，看见什么事情都伤心，想起什么都流泪，越想越委屈，越想越难过，潸然泪下。这种类型的人是心思细腻的，善于察言观色，很会关心他人。这样的人经历相对坎坷，总感觉壮志未酬。

6. 酒后酣睡型

这种人喝完酒就会睡觉，没有多余的语言和行为。他们大多性格随和，比较宽宏大度，不会因小事与人斤斤计较，容易与人相处。

7. 酒后愉悦型

有的人喝完酒就很高兴，从心底迸发出一种快乐，可以笑个不停，可以唱个不停，可以舞个不停。这种类型的人，性格开朗，既有忠肝义胆，又有侠骨柔情，喜欢与人沟通，热爱生活，对未来充满信心。

从拿麦克风的方式轻松识人

1. 握着麦克风下端的人

这种人是典型的行动派人物,个性爽快大方,精力充沛,富冒险、犯难精神,做事情相当有主见,走路步伐迈得很开,爱憎分明,总凭着一己的意思、喜恶来做决定,缺乏弹性,一点都没有通融的余地。 非常够朋友,对自己认同的伙伴好得没话说。 凡是自己厌恶的人与事,谁也没办法影响、改变他们。 这一类人崇尚自然、率真,不避讳谈自己的感情世界。 常常主动向心仪的对象示爱,在爱情方面的缺点是躁动、激进、脾气不好。

2. 握着麦克风中端的人

这类人凡事秉持"人不犯我、我不犯人"的原则。 重视公平、均衡、正义,一般而言,看不惯社会上不平等的事情。 待人处事谦和、亲切。 他们的态度中庸、温和,虽然内心有怒火也不会冲动得立刻表现出来,这种人讲求规律、和谐的生活步调,缺乏创新、冒险精神。 喜欢遵循前例处理事情,除非受到好朋友怂恿、鼓励,否则很难有所突破。

3. 抓着麦克风上端的人

这类人非常缺乏安全感,情绪起伏明显,有神经质倾向。经常为一点小小的不如意就任自己陷入消极情绪中，心情很容易跌入谷底。这种人生性多疑、善变，喜欢我行我素，外表强横专制，内心却是怯懦、纤细，让人觉得很难捉摸。而这种持麦克风的方法，可以让他们更有安全感。

4. 一手拿着麦克风，另外一手缠弄着麦克风线的人

这种人通常是编剧、文艺家笔下的少男少女。他们有浪漫倾向，多愁善感，渴望浪漫情愫。喜欢编织绮丽的梦想，情感如潮水般汹涌而来，相当专情，但个性倔强、任性，很没有安全感。他们热切追求爱情，如果一天没有和爱人见面或说话，心情就平静不下来。唱歌或讲话的时候，用指尖拿麦克风的人，非常注意外表的美观与整洁，常常保持气质优雅的体态，凡事讲求完美。麦克风离嘴较远的人，属外向性格；离嘴很近的人，属内向性格。

5. 两手同时握着麦克风的人

这种人向往孤独，行事谨慎、保守，个性敏感，害怕被拒绝，人际关系偏向冷淡，经常与社交生活保持距离。为了减少内心的紧张、恐惧，握麦克风的手甚至会交握在一起搓揉。这种人女性气质明显，恋爱的态度既执着又严肃，温柔、敏感，一旦爱上了某个人，会全心全意对待，常为单恋所苦。做事缺少魄力，即便是极小的事，也会思忖良久犹豫不决，遇事优柔寡断，依赖心强，害怕自己做决定。

从品咖啡习惯看人的性格

咖啡有各种各样的,煮咖啡的方式有各种各样的,而喝咖啡的场所也是各种各样的,在一个人煮咖啡、喝咖啡的过程中,通过他的习惯与偏好,往往就能看穿一个人真实的内心与性格特征。

1. 喜欢喝咖啡的类型
(1)喜欢冷冻干燥的咖啡
这一类型的人很重视自己在他人心目中的形象和地位,对生活品质的要求很高。他们对新鲜的事物有一定的好奇心理,喜欢探个究竟。他们时常对自己抱有很高的期望,乐于模仿他人的一些行为,并常在其中迷失自己。
(2)喜欢即溶咖啡的人
喜欢即溶咖啡的人没有什么耐心,任何事都要求立即做好,急切地想见到成果,甚至会为了得到结果而忽略其品质。他们往往让自己处于一种高度紧张的生活状态当中,力求不浪费自己哪怕一丁点儿的时间。
(3)喜欢混合式咖啡的人
这一类人喜欢追求新奇与潮流,他们希望用属于自己的独特的观点和行为方式去吸引他人,而不满足于自己是一个普普通通的人物，他们希望把自己塑造成一个完全与众不同的人物，并且不惜为此花费巨大的时间和精力。

（4）喜欢自己磨咖啡豆的人

这类人性格鲜明而独立，对自己充满了信心，他们做事有章有序，会尽量达到完美的程度。这一点会让他人感觉很吃惊，认为没有人能够和他相比。

（5）喜欢过滤式咖啡的人

这一类人是完美主义的追求者，多有比较高的生活品位，既然想拥有，就一定要是最好的。为了使自己的付出有更多更好的回报，他们往往会延后满足感的到来。

（6）使用酒精灯煮咖啡的人

这种人有比较传统的价值观念，大多有些怀旧的浪漫主义情调，行为也比较保守。这使得他们虽然有许多大胆新奇的想法，却都无法付诸实践。

（7）使用电咖啡壶冲咖啡的人

这一类人在为人处世各个方面都显得相当谨慎，但对于比较熟悉的人则非常热情和大方。他们富有同情心，会主动帮助他人排忧解难。喜欢在事情没有发生之前，做一些准备工作，以防万一。

2. 喜欢喝咖啡的场所

除了喝咖啡本身以外，从一个人喜欢咖啡的场所也能识破其内心特征。

（1）喜欢在家里客厅喝咖啡的人

这类人喜欢自然又舒适的爱情，希望彼此的相处就像家人一样和谐，令他身心放松，充满安全感。两人对未来有一定的计划与期待，并且共同为将来而努力，这样的感情是平稳而且可以维持很久的，但是要记得在生活中偶尔给对方个小惊喜。

（2）喜欢在快餐店喝咖啡的人

这类人很容易动心，会被对方身上某一种特质吸引而陷入感情迷思。和爱人的相处方式比较像朋友，属于随性及大而化之，不会特意去营造彼此的感觉。对他而言，感情只是其中的一部分，朋友等其他事物也在生活中占据相当大的位置。

（3）喜欢在雅致的咖啡厅喝咖啡的人

这类人虽然不是非常浪漫的人，却会努力制造一点小小的气氛来取悦对方，让对方感受到爱意。所喜欢的爱情是较单纯而温馨的，所希望的感情进展方式是渐进而扎实的，彼此能有良好的相知与默契。

（4）喜欢在豪华的饭店喝咖啡的人

这类人希望和情人之间的种种表现，包括爱情的历程、彼此的形象及相处方式等，都能够让他有面子而令人羡慕。喜欢用比较华丽浪漫的形式来经营感情，但是要注意如果要让感情能细水长流，也要有一定的付出。

（5）喜欢在露天咖啡座喝咖啡的人

这类人对自己有一定的自信，也不介意和大家一起分享爱情的喜悦与美好，喜欢花一些心思去创造与众不同的浪漫方式，来让两人对这段感情的印象深刻而甜蜜。但要注意的是，他也可能会是一个不够实际的人，当感情遇到现实问题时容易受伤。

从送礼物的习惯观察人

在中国,逢年过节的时候,人们总喜欢准备各种各样的礼物送给亲朋好友。 通常,送什么样的礼物是一件非常让人头疼的事情,而最终人们选择了什么样的送礼方式以及送什么样的礼物,也将一个人的品位、爱好集中反映了出来。

1. 送幽默礼物的人
这种人选择的礼物通常能给人带来快乐和惊喜。 他们热情大方,随和而又善良,富有智慧,而且敏感,能窥到他人的内心深处。 但是他们不善于表达自己的感情,别人在接受了他们快乐的一面后,还要面对他们严肃的一面。

2. 送昂贵礼物的人
这种人认为礼品的价格越高,花的钱越多,价值就越大。 他们在送礼之前,要经过认真的考虑,想对方会喜欢什么样的礼物,对方值得自己花多少钱,其实这都是主观臆断,他们根本就不打算了解对方喜欢什么样的礼物。

3. 自己制作礼物的人
这种人有丰富的想象力和创造力,能够制作出令人满意的礼品来，而且非常自信自己制作的礼品能博得对方的喜欢。他们善良勤劳，喜欢和人一起分享劳动后的快乐和成功。但他们有些传统和保守，特别看重家庭和亲情，富有同情心，在条件允许的情况下周围的人都能得到他们无私的帮助，所以他们常常被人记起。

4. 按自己的喜好选择礼物的人

这种人最典型的特征就是以自我为中心，有很强的自私心理。凡事都按照自己的喜好进行判断，很难考虑到他人的感受。在生活和工作当中，缺乏长远的目光，只注重眼前的既得利益。值得庆幸的是他们有较强的自信心，虽然脾气得不到大众的认可，但不断进取常常使他们获得成功。选择独特礼物的人为了能够得到一件与众不同的礼物，常常耗费大量的精力和金钱，但他们送礼不是为了讨好对方，或是让对方替自己做一些关照自己的事情，而是希望对方能够重视和尊重他们。他们喜欢在大庭广众之下使用特殊的方式显露自己，而且不怕经受打击，具有很强的表现欲望。他们野心勃勃，在别人支持的情况下往往能取得成功。

5. 送便宜礼物的人

追求表面现象，希望通过视觉上的假象让人相信自己是真心诚意的，其实他们的做法只是自欺欺人。自控能力较差，常常会心血来潮，凭借一时的兴起而想干出一番轰轰烈烈的业绩来，结果花费了很多时间、精力和金钱后才发现成功和自己实在是无缘。他们胸襟狭隘，经常为鸡毛蒜皮的事大动肝火，总是期望用最少的付出换来巨大的回报，但在现实中总是碰钉子。

从沐浴习惯透视他人的内心

沐浴是日常生活中一件非常重要的事，多数人每天都会沐浴，洗掉累积了一天的污秽，以清新的身体面对新的一天。一般来说，不同的沐浴习惯反映了不同的心理特征。

1. 喜欢冷水淋浴的人
喜欢冷水淋浴的人在人前经常以自己有理性、有逻辑为傲。他们认为面对事情时，最重要的是保持头脑清醒，不希望被强烈的感觉左右了判断能力。这种人在私底下对每件事、每个人都有独特的见解，但很少发表评论，以免得罪人。在事业方面，这种人追求上进，渴望有所成就。但在交往上，会给人比较"冷"的感觉。

2. 喜欢热水淋浴的人
有些人喜欢热水浴。热水使人的感情胜过理智。从淋热水浴所得到的热血沸腾感反映出：他偏好"热情"的风格、"热烈"的罗曼史和"辛辣"的食物。他处理每件事都可能感情用事，如果被对方拒绝，他可能很快面红耳赤，无地自容。 在衣着方面，他们喜欢选择鲜艳的颜色，款式上亦尽可能追逐潮流。

3. 喜欢按摩式淋浴的人

这种人相当追求物质的享受，认为人生来就是享受人生的。 逛街购物是这种人的嗜好之一。 他们希望能够舒舒服服地做人，绝少自寻烦恼，更不会涉入感情的纠纷。

4. 喜欢按摩式浸浴的人

这种人在处理人际关系方面，习惯往坏处想，有时候一些简单的事情经过他们的分析会变得很复杂。 他们不是守财奴，该用的钱用得颇爽快，但这些钱大部分都是花在他们自己的身上，用于他人身上的很少。

5. 喜欢泡泡浴的人

喜欢泡泡浴的人喜欢享受人生，他们认为"人不为己，天诛地灭"。 所以，在尽可能的范围之内，让自己过得更好。 这种人的脾气比较好，但讨厌别人的侵犯或占便宜，对于这样的事，会不顾一切地做出反击。

6. 喜欢到浴堂洗浴的人

经常如此洗澡的人，是个不甘寂寞的人。 因为这种人做别人视为极度私人的事情时，也选择有一堆人在场。 但他们对朋友相当乐善好施，这种人有时宁愿先照顾朋友的需要，而忘记家人。

7. 喜欢蒸气浴的人

这种人相信"天下无难事，只怕有心人"，认为没有什么事是做不到的，这种态度能够为他们带来成功。他们看不起软弱无能的人，觉得这类人不求上进。在人际关系方面，他们对权势相当崇拜，还有些人会觉得这种人太过专横。

从点菜的习惯看人的品性

几个人在餐厅一起吃饭，从如何点菜以及所选菜品中，就可以看出一个人的另一种性格和与他人的协调性。

1. 点菜的习惯

（1）请店员介绍再点菜

这种人自尊心极强，不喜欢被人指挥。在做任何决定之前，总是非常坚持自己的主见。为人积极，做事会全力以赴，同时会顾及他人的感受。

（2）不管别人，只点自己想吃的菜

这种人性格乐观，不拘小节，为人不会计较，所以很受身边朋友的欢迎，同时做事果断，虽然如此，但也要先想清楚再下判断。

（3）犹豫不决，慢吞吞地点菜

这种人做事一丝不苟，但他的谨慎往往是过分考虑对方立场所致。这样的人能够真诚地听取别人的意见，但也不应该忘掉自己的观点。

（4）先点好，再视周围情形而变动

这种人性格小心谨慎，而由于过分谨慎容易养成拖泥带水的习惯，给人的印象总是较为软弱。有创意和丰富的想象力，但太拘泥于细节，缺乏掌握全局的意识。

（5）先说出自己想吃的东西

这种人性格直爽，胸襟开阔，快言快语。喜欢帮人，不记仇，待人诚恳，是朋友心中的好人。可能为人的缘故，有时说话尖刻，也不会被人记恨。

2. 所点菜品

（1）价钱和别人一样，不过菜色都不同

这种人具有优秀的平衡感，看起来好像会受到他人意见的影响，但实际上，却有明确的自我主张。其内在可能是个固执的人。

（2）选择又便宜又好吃

这是一种喜欢独断独行、自我行动的人，以自己的兴趣或思想为优先考虑，可以说是有个性的人，绝对不会与自己志气不合的人交往，但对于喜欢的人，则特别偏颇。

（3）点的菜品比别人高一级

这种人似乎要人家付钱的样子，故意地恶作剧一番，没有恶意，只是好出风头罢了。

从喝茶习惯透视他人的内心

有的人喜欢上茶楼喝茶,有的人喜欢在街头茶馆喝茶,而有的人喜爱在家品茶。这些不同的喝茶习惯,又说明了什么呢?让我们来具体分析一下。

1. 讲究茶道

能有这种精力喝茶的人,通常不一般。他们性子大都比较慢,不慌不忙,内心平静,脾气温和,而且平时表现得很随和。他们不在乎花多长时间,而更在乎通过品茶来达到修炼自己的目的。一般来说,他们很有毅力,持久性强,适合做细致的工作。

2. 喜欢喝名茶

对名茶感兴趣的人,一般家庭条件较好。但如果他喜欢在别人面前炫耀自己,那么就不免显得有点装腔作势了。这种人比较独立,自尊心、自信心特别强,深信只有自己所做的事才正确,是自我主张强烈的人,能够坚持自己的观点,但容易走向固执的极端。对于和他有不同意见者,马上就会加以反对和制裁。

3. 喜欢在家喝茶

喜欢在家喝茶的人，通常对外面的世界兴趣不大，也不太愿意去外面闯荡。 他们更喜欢守在家中，泡一壶清茶与家人待在一起。 他们只关心家里，而对外与世无争，没有事业心，缺乏进取意识，更没有要干出一番大事业让别人刮目相看的精神，大都没什么作为。

4. 喜欢去街头茶馆喝茶

这种人比较喜欢融入大众和了解世俗风情，他们性情多比较随和，不爱做无谓的争吵。 这种人在工作中是勤奋的，面对各式各样的辛劳、艰苦和困难，他们都能接受，从不怕劳累，更不会偷懒，特别能吃苦耐劳。 在生活中，有耐心，包容性很强，不抱怨，不发牢骚，有能力，坚强，无畏，但总体来说，不太会变通。

5. 喜欢上茶楼喝茶

经常上昂贵的茶楼喝茶的人，不是生意人，就是打肿脸充胖子的那一类。 许多人在会客、谈生意时，都会在这类茶楼里进行，而且他们也很喜欢这种方式。 这样的人大多自我意识强烈，容易自以为是。 他们总觉得自己的主张是绝对正确的、唯一可行的，从不愿承认别人比他高明。

6. 不喜欢喝茶

还有一种人，既不喜欢去茶馆，也不愿自己在家泡茶喝。 他们可能并不富裕，但也不是穷得喝不起茶，之所以不喝茶，是因为对喝茶确实不感兴趣，即便是茶友再三劝告，依然如此。这种人大都是内向型性格。由于过于专注自己，过于防卫自己，有时候就显得执拗。他们一般对于新事物，有着强烈的反抗力，不会轻易地附和众人的意见，很难被说服。与这种人交往，一定要以礼相待，避免莽撞。

从放手机的习惯看人的个性

手机在人们日常生活中的重要性日渐增加，因此许多人对选择手机相当重视。也就是说，你是个什么样的人，决定了你会有什么样的使用手机的习惯。

1. 习惯拿在手里

习惯将手机拿在手里的人，通常精力十分充沛，不到非常累的时候，是不愿上床休息的，适合从事活动量大、与很多人接触的工作。在生活中，他通常会躺在客厅的电视机前或者在翻看的书的旁边睡着。这类人大多充满自信，有自己的理想和抱负，喜欢有目标、有追求的生活。

这类人通常还很有才华，懂得享受生活，情商比较高。在爱情上，比较喜欢对他事业有帮助、有能力以及能够助他的对象。这也使他非常懂得欣赏各种不同异性的特点。在情感上，不会轻易认输。在人与人的关系上，不易对他人产生信任感，但是一旦认定之后，就是赴汤蹈火，在所不惜。

2. 习惯放在衬衫口袋

这类人处世往往比较稳重、成熟，因而为很多女性所喜欢。他们喜欢交志同道合的朋友，谋略心旺盛，但在做事上不疾不徐，一步一个脚印，会尽一切努力让生活朝着他所定的目标前进。爱情方面：表面上，他似乎很听伴侣的话，但是在内心，通常很有自己的主见。通常这类男人也比较青睐独立的女人，其喜爱的两性关系也是自由、和谐、平等的两性关系。

3. 习惯挂在腰间

习惯把手机挂腰间的以男性为多。这通常分为两种情况：习惯把手机夹在前方的男性，对生活的态度是很真诚的，他们做任何事都有自己的主见，知道自己想要什么，但并不贪婪；夹在后方的男性，很有创造力和活力，但做事上习惯于吊人胃口，喜欢有神秘感的东西，并以此为乐。但无论是夹在前方还是后方，他们在爱情上，都比较喜欢温柔而又有主见的女人，同时家庭观念较强。

4. 喜欢放在皮包里

这类人对自己的要求比较高，他们无论做任何事，必定深思熟虑、胸有成竹才会去做。另外，在个性上比较保守，虽然对人亲和却很鲜少主动；比较顾家，有创造和谐家庭生活的能力。在工作方面，善于抓住时机，潜力无限。一旦抓住时机，就有可能平步青云，同时也可能因此招致嫉妒。

5. 经常忘记带手机

这种人是典型的"乐天派"，他们性格外向，说话幽默，平易近人，喜欢广交朋友。在爱情方面，表面上油嘴滑舌，但实际上分得很清，典型的嘴花心不花。工作方面，热情度很高，在职场上也能做得有声有色。在他们看来，凡事不要过于较真，将工作当成一种快乐才是一件最享受的事情。

另外，在用手机接听电话的习惯上，FBI的社会学研究者经过长达三年的调查研究还发现，女性手机中的未接来电通常多于男性，因为60%的男性通常将手机放在右裤兜里，只要感觉腿部有异动就知道来电了。而61%的女性则习惯把手机放在包里，多数情况下，她们根本就不知道是否有来电。虽然有的女性能够及时感觉到，但往往要从感觉到响动到找到手机时，对方已经将手机挂断了。

从购物习惯看一个人的性格

1. 从购物方式上看

（1）选购打折物品

在商品打折时选购物品的人，他们多比较实际和现实，懂得精打细算，甚至有点唯利是图。他们固执，遇事虽然会与他人协商，但最后却会顽强地坚持自己的观点不放。他们会很满足于自己占优势，而他人在无可奈何的情况下不得不放弃的感受。

（2）请别人代自己购物

请别人代自己购物的人，多是时间安排得非常紧，工作和学习非常繁忙的人。在他们看来，购物算不上一件什么大事，不值得自己抽出宝贵的时间亲力亲为。他们在为人处世等各个方面多是比较传统的，会尽量使大家对自己满意。

（3）看清单购物

根据清单购物的人，大多组织性、原则性强，凡事都喜欢按照一定的规律和计划完成，否则的话他们可能会感到手足无措。这一类人比较健忘，所以需要不断地有人提醒他们，在什么时间去做什么事情。他们的随机应变能力并不强，偶发的严重事件会让他们无法接受。

（4）花一整天时间用来购物

花一整天时间用来购物，这一类型的人多比较开朗和乐观，他们常常感觉心情不错。他们较有耐性，总是能够找到很多理由和借口安慰自己，使自己坚持到最后。他们有勃勃的野心，常常会为自己设定许多远大的理想和目标，并且实现起来态度也相当积极，可是他们的那些理想和目标，从某种程度上来说并不现实，所以到最后多半无法梦想成真。但在这个过程中，他们所做的事情还是有一些收获的。

（5）全家人一同购物

习惯于全家人一同外出购物的人多有较传统和保守的价

值观，家庭在他们的心目中的地位是无可替代的，他们对家庭有着强烈的责任感和深深的依恋。家庭很可能是他们一切行为的最基本出发点，家庭直接影响着他们行为处世的习惯，而他们的家庭也是非常和睦的。在他人看来他们整天围着家庭转，生活似乎太乏味了，但他们自己却很满足于目前的这种生活。他们感觉较有安全感，他们的生活态度是非常实在的，选购的物品多既经济又实惠。

（6）需要的时候没有，不需要了以后购买

这一类型的人似乎在任何一方面行动都要比别人慢一拍，但他们并不为此而恼火。他们的表现欲望很强，希望自己能够引起他人的注意，所以时常会故意耍一些小伎俩。

2. 从付款方式上看

（1）收到账单后立即付款

收到账单以后就立即付款的人，多是很有魄力的，凡事说到做到，拿得起放得下，当机立断，从来不拖泥带水。他们的个性独立，为人真诚坦率，无论哪一方面，从来不希望自己欠他人的，倒是可以他人欠自己的。

（2）把付款的任务推给别人

把付款的任务推给别人，这一类型的人常无法坚持自己的原则和立场，而习惯于服从和听命于他人，被他人领导。他们的责任心并不强，常会找理由和借口为自己开脱。在挫折和困难面前，会胆怯、退缩。

（3）尽量拖延付款

能拖多久就拖多久，这一类型的人多有占便宜的心理，比较自私，缺乏公平的观念，总是想着自己少付出或是不付出就得到尽可能多的回报。他们在一般情况下不会轻易地去关心和帮助别人，对人虽不算太冷淡，但也算不上热情。

（4）习惯于采用电话付款

采用电话付费服务的人，对新鲜事物容易接受，并懂得利用它们为自己服务，但由于对某些东西的依赖性太强，常常会使他们丧失一些自我的主动权，而受控于人。除此以外，他们对人是有很强的信任感的。

第十二章

由外及内：从兴趣爱好洞察心理活动

从喜欢的食物口味看性格

一个人的口味爱好，是由很多因素决定的。地域不同，口味爱好自然不同；身体状况不同，喜爱的口味更是有很大差异。比如，胃肠不好的人喜欢吃易消化的食物，肥胖的人大多喜爱甜食等。而口味爱好与个人的心理也有一定关系。早在两千多年前，就有医学家发现了一个人的饮食爱好同其性格有关，古希腊的哲学家还为此提出了口味和性格之间相关联的学说。

行为心理学家经过大量的研究也发现，人的性格与口味爱好有着密切的联系。所以，从口味爱好去探究一个人的性格还是有一定可信度的。

1. 喜欢吃大米的人

这种人性格开朗，充满自信，但习惯自我陶醉，孤芳自赏。他们总是认为自己的什么东西都比他人的好，有自恋的倾向。但他们心胸宽广，能包容他人的缺点和不足，待人大方、得体。

2. 喜欢吃面食的人

这种人脾气很好，善解人意，他们不轻易发脾气，但一且发起火来便一发不可收拾。很多时候，他们在众人面前都能滔滔不绝地谈话，口才很好，但当遇到困难时，他们经常不够坚强，容易丧失信心。

3. 喜欢吃清淡食物的人

这种人不大善于与人接近，也不大看重人与人之间的交往，所以没法给人留下太深的印象。性格内向，不喜欢在外人面前过多地表现自己，宁愿万事独行，喜欢自己独享清静自在，对事多能淡然处之。

4. 喜欢吃咸食物的人

盐类富含大量金属元素，金属离子如钠、钾、钙、镁等阳离子，是神经传导的重要递质，也可以说是理性思维活动的重要因素。因此喜爱吃咸食物的人更具工作的目的性和计划性，对人彬彬有礼，但有时候他们对人与人之间的交往展现得相比淡薄。

5. 喜欢吃酸性食物的人

正常人的血液应为弱碱性，所以吃适量酸味食品是有益于身体健康的。但如果过量食用，则对身体无益。同时，喜爱吃酸性食物的人大多事业心较强，把太多心思投入到自己的事业当中，而忽略了好好地享受生活。同时，容易性情孤僻，所以好友较少。

6. 喜欢吃甜食的人

喜好吃甜食的人，以少女为多。她们一般心绪爽朗，活力四射，性情随和，给人一种亲切感，但平常她们显得有些软弱与胆小，害怕冒险，尤其是面对生人的时候，她们通常维持着矜持的态度，然则一旦关系很好，她们便会有说不完的话。

7. 喜欢吃辣食物的人

这种人勤于思考，善于动脑。他们做事颇有自己的主张，遇事大多沉着应对，不慌不忙。他们性格直率，热心如火，能迅速地融入一个陌生的群体当中。当然，他们的秉性也有比较坚决的一面，吃软不吃硬，以至他们做事不能进退自如。

8. 喜欢吃荤类食物的人

这类人不光有很强的社交才干，而且喜欢领导他人，支配欲强烈。这一类人在社会应酬中比较主动，长于结交，并能很快取得他人的信赖。出于一些特殊的原因或目的，他们不太容易对他人展示自己的真心。

9. 喜欢吃炖煮食物的人

这种人性格温柔随和，和谁都谈得来，也喜欢幻想，但对于幻想的事物是否能实现，则一点也不计较。爱设计是他们的天性，喜欢追求自己的理想，但在过程中缺乏持之以恒的精神。

10. 喜欢吃油炸食物及烤制品的人

这种人往往是矛盾的集合体，做事常常犹豫不决、举棋不定。他们上进心强,有远大的目标,但他们性子急,欠稳重,遇到一点困难就会灰心丧气。此外,这类人往往有较强的自我表现欲望,喜欢听别人的赞美。

11. 喜欢吃酱菜的人

这类人做事比较稳重,常常埋头苦干,且做事有计划,但不太看重人与人之间的感情。相反,对酱菜类不感兴趣的女性则多富于亲近人的感情,没有架子,容易亲近,也能吃苦,不过毅力不足。

从喜爱的水果类型看性格

1. 偏爱菠萝

偏爱菠萝的人对人热情,不喜欢被束缚,喜欢追求刺激,有自己的理想和追求,并且一直在实现自己的理想的路上追逐。

2. 偏爱橘子

爱吃橘子的人大多温和而善良,有协调性。他们不喜欢表露自己内心中的不愉快,更多的是以笑脸示人。他们把家庭看得比较重,喜欢与知心好友一起攀谈,人缘不错。

3. 偏爱李子

爱吃李子的人和人们不易和睦相处，不能忍受批评。喜欢唠叨，爱找碴儿。

4. 偏爱香蕉

偏爱香蕉的女性有男性化的特质，而偏爱香蕉男性的社会交往能力相对较强，偶尔就会显得冲动而任性。

5. 偏爱葡萄

爱吃葡萄的人非常善于保守自己和别人的秘密，如果你不是和他经年深交，很难看出他内心的秘密。

6. 偏爱樱桃

爱吃樱桃的人温柔、心软，并具有牺牲精神。他们想法很多，但很少付诸行动。同时也比较喜欢挑拨是非，心胸狭窄。在爱情上不够成熟。

7. 偏爱西瓜

爱吃西瓜的人脾气好，从不抱怨，也不争吵，关心别人胜过关心自己，但缺乏原则性。

8. 偏爱梨子

爱吃梨子的人文静而善良，实事求是而不浮华，能配合他人，富有幽默感，坦然接受来自别人的批评，接受自己认为有益的劝告。

9. 偏爱草莓

偏爱草莓的人乐观、热情，善于与人相处，并善于珍惜美好的东西。 心态平和，不嫉妒，好平静，无醋意。

10. 偏爱桃子

爱吃桃子的人与周围的大部分人在心理上是相协调的。他们比较善于交际，但有时在困难面前却显得无能为力。

从喜爱的快餐食品看性格

1. 喜欢吃奶酪卷

喜欢吃奶酪卷的人比较喜欢干净以及按秩序办事，所以如果你与一个爱吃奶酪卷的人共事，东西用完后一定要归位，他们喜欢秩序井然。 如果你在某人的家里"吃得站不起来"，那你拜访的可能是一个爱吃奶酪卷的人。

2. 喜欢吃肉食快餐

爱咀嚼肉食快餐的人，你可能喜欢与其他人一起尽情玩乐。 这类人是最好的朋友人选，因为他们非常慷慨，虽然有时慷慨过火。 爱吃肉食快餐的人是值得信赖的人，也总是很忠实。 他们会全力以赴地为朋友和家人效力，甚至付出额外的代价。 但是，这类男人和女人情绪容易波动，对一个肉食爱好者来说，分离对他们来说是一件难办的事，他们会小心地避免那些伤感的场面。

3. 喜欢吃炸薯条

喜欢吃炸薯条的人可能是一个有雄心的成功之士、一个有成就的人。这类人很享受工作和家庭的成功喜悦。他们不自私，也为自己的配偶和孩子的成功骄傲。他们欣赏自身最优秀的地方，也可能因为不是最好的而感到焦虑，容易为生活中的一些小的不顺而沮丧——交通拥挤会让这类人发狂，排队等候会使他们觉得是个负担。要注意的是，如果你与一个喜欢吃炸薯条性格的人做生意，或者与这种性格的人竞争，要有准备。喜欢吃炸薯条性格的人是不好对付的，如果不全力以赴就可能会失败。

4. 喜欢吃炸玉米卷

喜欢吃炸玉米卷的人可能是一个完美主义者，对自我的期望值很高，一旦不完美，就会再来，"就这样吧"这句话不是他们的口头禅。这种人不会只关注自己的事，所以如果你需要有人帮助你为正义而战，那就去找那些手里捧着一碗炸玉米卷的人。邀请他们一起过周末，因为他们可能是家里很好的客人。他们守时、懂规矩，炸玉米卷的爱好者对失约和迟到很难容忍，一般来说，这些人无论从社交上还是个人生活上都是保守和严肃的。这种类型的男性穿上晚礼服，会感觉像穿上一件老式T恤那样舒服。别指望这类人中的女性穿得性感——她们是相当压抑自己的。这种人是责任心重的一类，他们会确保汽车总是处在正常运行状态，按时交纳保险费，如果你正在选择一个伙伴在荒岛上探险，那么找到爱吃炸玉米卷的人，他们会尽心竭力地帮助你。

5. 喜欢吃薄脆饼干

喜欢吃薄脆饼干的人喜欢用逻辑和理性思考问题，他们思考得很多，因而一些人会叫他们思想家。他们可能比较腼腆，不喜欢伤害他人的情感，避免争论。如果手上同时有很多机会和项目在进行，而且都很吸引人，他们就会感到头绪太多。爱吃薄脆饼干的人可能是喜欢独处的人，这种人很看重和维护那些可以独处、放松、不受干扰和完全属于自己的时间。

6. 喜欢吃爆玉米花

爱吃爆玉米花的人懂得审时度势，一旦工作、家庭或社交中有需要，他们通常能迅速承担起来。尽管这些人有很强的自信，却相当礼貌和谦逊，没人认为他们爱张扬。爆玉米花爱好者可能会将自己的成功隐藏得很好，看起来寒酸，实际上他们握有大笔财富。如果什么人从亲戚那里继承了一笔钱财你却以为他破产了，那他一定是爱吃爆玉米花的人。

7. 喜欢吃椒盐饼干

如果一个人特别喜欢吃椒盐饼干，那么这是一个有活力的人。这类人喜欢新奇的事情，对单调重复的事感到厌倦。他们总在工作和家庭上寻找新的挑战，能够一边嚼着椒盐饼干，一边花几个小时沉醉在抽象概念的思考中，甚至忘记了晚餐。 他们可能轻佻，喜欢穿性感的衣服，却厌烦单一风格的服饰，总在关注最新的风格。 他们也可能是收藏者，已经积攒了一堆"婴儿软帽"，然后又在开始找寻下一种时尚了。 爱吃椒盐饼干的人是感性的，做决定往往基于情绪而非理智。 他们可能过分地相信浪漫的关系。 虽然他们可能是出色的晚会客人，风趣而令人愉快，但他们容易引人非议。但是，爱吃椒盐饼干的人做事有虎头蛇尾的倾向，旧工作还没做完就迫不及待地找新的事情了，而且，他们可能会拖延工作期限，也可能过多地承诺自己负担不了的事情。

8. 喜欢吃坚果

喜欢吃坚果的人一般是些随和的、有同情心和善解人意的人，他们可以算作是沉默寡言的人，即使处在冲突当中也不多话。 因此一个爱吼叫的配偶或者一个爱挑剔的老板也不会对这种人动怒，他们有一种平和稳定的性格，在处理公共事务的工作中做得出色。 坚果爱好者可能不是杰出的领导，但他们的整合能力和意志会给家庭和办公室带来平和。

从喜欢吃的菜看性格

1. 喜欢吃中国菜的人

中国菜驰名世界的原因不仅是色香味俱全，而且最令外国人新奇的是一双软硬兼夹、伸缩自如的筷子，所以喜欢吃中国菜的人一般头脑灵活，有很强的鉴赏能力，因为面对五花八门的菜肴，他们必须经过选择才能下箸。此外，中国菜适合亲朋好友围着一起吃，而一般的人在一起吃就没多大意思。

2. 喜欢吃英国菜的人

英国菜的做法以煮为主，而且不加香料和其他的调味剂，特别适合患有消化系统疾病的人食用。喜欢这种食品的人不喜欢感官刺激，而且江山易改，禀性难移。他们虔诚，有着一份惊人的耐力和勇气，常常是不达目的誓不罢休，任何艰苦都吓不倒他们。

3. 喜欢吃意大利菜的人

番茄汁是意大利菜最显著的特征。有这种喜好的人通常喜欢和亲朋好友在一起，而且会觉得乐趣无穷。他们按自己的喜好去安排生活，家中那些亲手自制的东西令他们回味无穷，产生强烈的亲切感。他们热情四射，而且魅力无限，浑身洋溢着令人愉悦、迷恋的甜美温馨。

4. 喜欢吃美国菜的人

美国菜的特点是基本维持菜肴原料的原始形状，既不使用刀工，也不附加其他的调味酱汁，所以喜欢吃美国菜的人通常多疑，对陌生的人和事物常常无法放心和信任，所以一般不熟悉的菜肴不会去点；而且只要不是美国制造的食品，他们都会认为其中必定添加了调味剂。他们直爽,很有原则,认为自己是正确的时候通常会坚持到底,说话办事总喜欢表达出自己的喜好,所以有时难免得罪人。

5. 喜欢吃法国菜的人

法国菜被人们称为法国大餐,因为从厨房的环境到配菜、上菜,无不讲究精致和典雅。幽暗而又沉静的气氛,让人体味到与众不同的浪漫情调。那些追求简约风格的人不会对这种菜产生多大的兴趣,但热衷于细致和讲究的人会对它情有独钟。

6. 喜欢吃日本菜的人

日本菜非常讲究精神文化,有着非常耐人寻味的美学韵味。喜欢日本菜的人喜欢新鲜的食品,而且最好出自于纯天然。他们不仅在食物上如此挑剔,而且将这个标准运用到人际交往过程当中。他们不会和那些留着怪异发型的人交往,更不会和化妆奇特的人走在一起。面对意外,他们会像吃日本菜似的脱鞋坐在地板上冥思苦想。

需要注意的是,各国的菜肴都具有地域特征,我们在通过一个人喜欢吃的菜肴来判断其性格的时候,必须要注意排除其中的成长因素。也就是说,如果一个人从小生长在中国,而他只喜欢吃中国菜,那么我们就不能据此来判断他具有上述品格,如果一个人从小习惯了吃美国菜,而他转而喜欢吃中国菜,那么我们就能判断他具有上述品格。

从喜欢的汽车类型看性格

在这个汽车普及的时代,选购某种款型或者颜色的汽车,除了能够反映出车主的经济实力外,更可以看出对方的生活品位,以及各自不同的性格特征。

1. 喜爱的车型

喜欢进口车的人,通常比较怀疑国产车的品质,他们要么很有经济实力,要么很爱面子。

喜欢豪华车的人,无论自己本身是否很有钱,但至少他们喜欢看起来很有钱。他们有强烈的表现欲,希望能够表现出自己与众不同的一面。但是,他们内心中对自我的积极评价,多半要靠他人的赞美。

喜欢吉普车的人,比较能吃苦耐劳。他们不需要锦衣玉食,不需要穿着十分考究,他们所需要的,仅仅是在被太阳烤干的嘴边吸一根万宝路香烟。

喜欢省油车的人,通常都比较注重实际。随着现在油价的飞涨,人们大都希望自己的汽车既美观又省油。但是,还是会有很多人会为了美观,而选择并不太省油的汽车。相对来说,选择省油车的就显得非常实际了。他们通常做事喜欢脚踏实地,而且要求穿着得体,举止优雅。此外,他们十分关心如何保有目前已经拥有的身份地位。

喜欢敞篷车的人，喜欢追求自由。他们不喜欢被束缚，而且也不喜欢束缚别人，他们喜欢有风轻轻吹过发梢，喜欢阳光轻轻亲吻他们的脸，喜欢敞篷车所带给他们的那份自由自在。

喜欢双门车的人，通常比较有控制欲。他们通常不太在乎别人的感受，而是更喜欢占据主导地位，让别人根据自己的意愿行事，只要自己落得轻松自在。

喜欢四门车的人，通常比较绅士，懂得尊重他人。他们给每个人一个出口，这通常是对他人尊重的表示。一般来说，需要做决定时，他们会充分给予他人选择的权利，即使对方选择离开，他们还是表示同样的尊重。然而，正因为如此，他们更赢得了他人的尊重和喜爱。

2. 喜爱的车身颜色
（1）红色车身

喜欢红色车身的人，具有较强的事业心，对自己充满自信、对人热情，积极主动，外向而乐观，容易给人留下敏捷、充满活力和动感的印象。开红色车的人，热衷于事业，目标坚定，在体育和爱情上颇有建树；并具有较强烈的野心，冲动、积极进取，对自己充满信心，常会在路上开快车。选择大功率的红色跑车，一看便知是潮流爱好者，相当注重自己外貌之余，亦喜欢表现自我，比较在意自己的社会形象，并且十分重视他人对自己的看法；若是红色跑车的主人是女性，那她最在意的就是你说她看上去比实际年龄大。

（2）蓝色车身

蓝色车身的主人怀有强烈的责任感，一般对社会感到满意，喜爱和睦的家庭生活，喜欢帮助他人。喜欢蓝色车的人，干事冷静，具有较强的分析能力，但给人冷漠的感觉。车主可能驾驶技术绝佳，对汽车多有研究，这类人开车喜欢炫耀驾驶技巧。若是这种车身颜色非常吸引你，说明你是个敏感、稳健的人，喜欢观察，经常处于比较被动的状态。

（3）黑色车身

黑色给人以庄重、严肃的感觉，黑色可以说是一种矛盾的颜色，既代表保守和自尊的一面，又代表新潮和性感的一面。唯我独尊，庄重，高贵，神秘富有智慧。在光线照射下熠熠生辉，庄重中又流露出几分亮丽。选择黑色车的人，性格大多比较深沉，不能按其行为来猜度内心世界。他们大多偏向双重性格，其表现行为未必可以切实反映其内心世界。尤其是较正式或公务用途的车辆，更是非黑色莫属。FBI同时也指出，黑色是工作狂的最爱。

（4）绿色车身

喜欢这个颜色车身的人，一般友善，宽容透明，是很好的倾听者。由于具有较好的可视性，他们个性谦虚平实，善于克制，不爱与人争论，很少焦虑不安或感到忧愁。绿色车车主一般处事中庸、行事稳当、性格坚毅。绿色车主富有创意和想象力，具有开放的胸襟，热爱家庭和宁静的生活，对流行具有敏锐的嗅觉，但不会盲目跟着流行走。绿色适用于年轻购车者偏爱的小型车上,能使人感觉到汽车本身具有的快感和强劲动力,给人活泼运动的印象。

(5)黄色车身

黄色车主充满阳光气息,为人积极、乐观,思想较开放,很有艺术细胞,总想尝试新事物。选择黄色车的人好交际,什么事情都喜欢自己做主,恋爱方面则非常积极,就算身边亲友反对也会坚持下去。不过,勇往直前也会碰钉子,最好还是好好计划一下再行事。

(6)咖啡色车身

喜欢咖啡色的人是唯美主义者,敏感而具有艺术修养,交友有原则,对朋友十分忠诚。喜欢咖啡色车身的人给他人稳重、安全的感觉,有一种表里如一的权威感,一般有强烈的欲望,在喜欢挑战自我的同时又喜欢安全可靠的生活方式。

(7)白色车身

白色给人以纯洁、清新、平和的感觉,超凡脱俗,一尘不染,典雅大方。喜欢白色车的人有超乎常人的适应能力,可与不同性格的人士相处。他们坦白诚实,自律并爱干净,总是准时付账。同时这一类人不会轻易表现自己的真性情,常有所保留。但由于白色车主开车太苛求安全,同行者常会嫌车速太慢。喜欢白色的人会向着自己的目标努力,他们态度认真、才能出众、清洁、得体,与人交往和睦融洽。喜欢白色车身的人志向高远,不论对恋爱还是事业,都抱有较高的理想和追求,多半是个完美主义者。

(8)橙色车身

一般选择车身颜色鲜艳的人,多半工作欲望强烈,他们活动力强,而且精力充沛,但他们并不觉得自己过于好动。他们基本上不认生、不拘束,比较开朗,但也有个别的人不太善于交际。他们竞争心强,从不认输,喜怒哀乐表现得都很激烈。

(9)银色车身

银色代表着大方的个性,不张狂不呆板,又富有亲和力,所以不管是谁都会对其有好感。在各种车身颜色中,银色也是最耐脏的。喜欢银色车的人,不喜欢过于刺激的活动,个性好静,有心计、肯努力,这类人开车常常非常谨慎。爱好银色的人,渴望引起他人的注意,却一本正经;喜好奢华,一掷千金亦面不改色;宇航飞行器常用银色,银色车身表现出汽车造型的坚实和流畅,显示出高技术特性的倾向。

从旅游的偏好看性格

旅游是一种集吃、喝、玩、乐、行为一体的综合性消遣活动,既可以锻炼人的身体,又能锻炼增长人的见识,丰富人生体验,为自己的人生增添色彩。目前,旅游已经成为现在社会必不可少的一种放松方式,但是不同性格的人会选择不同的旅游路线和方式。

1. 旅游方式

（1）喜欢大海和海滩的人

这一类人保守而传统，对于人际关系和交往并不热衷，所以人际关系有所欠缺。在性情上，喜欢自然，有些孤僻，时有隐居山林的想法。常有心事却不喜欢对人表露，喜爱可以独处、安静的环境。他们朋友不多，但可以归为他们朋友一列的定然也是比较要好的朋友。此外，责任心较强，顾家，会照顾人。

（2）喜欢露营的人

这类人能够化平凡为神奇，有讲究实际的人生观；对待他人不卑不亢，很会交往。他们推崇传统的伦理观念，道德感强烈，懂得规范和约束自我言行。他们喜欢独立自主，不喜欢受到长辈的庇护或束缚。

（3）喜欢自然景致的人

这类人追求无拘无束，向往轻松自在，受约束的生活和一成不变的工作常常令他们苦不堪言。他们向往能有一些新鲜的、刺激的东西注入生活当中，想要过丰富多彩的生活。他们精力充沛，有活力，有激情，向往新的未知领域。这一类人有着丰富的想象力，追求生活中的新思想或新事物是他们毕生的愿望，并且能够对自己的人生负起责任。

（4）喜欢户外活动的人

这种人认为只有广阔的外部空间才能充分激发他们的创造力和新奇的想象力；他们的追求和努力都是他人预先设计好的，只有到了大汗淋漓的程度才觉得痛快；他们很看重自己的言谈举止，同时精力充沛，喜欢各种有挑战性的工作，通常能得到很好的回报。

（5）喜欢出境游的人

这类人比较时尚，而且站在了时代潮流的最前沿。他们理想中的生活是不断变化的，非常迷恋这种变化带来的刺激感。他们对新鲜事物怀有深情，对人生充满信心；乐观向上，幽默风趣，生活中的压力经常在谈笑风生之中化为乌有，总是过得比较潇洒。

（6）喜欢参加旅游团旅游的人

这类人性格当中理性的成分往往要多于感性成分，比较现实，不爱幻想，也不会期待类似于"天上掉馅饼"的事情出现在他们的生活中。通常做事计划性很强，会把生活中的事情计划得井井有条，然后按部就班地去做。在生活中，为人比较真诚、大方，乐于与他人分享。

（7）喜欢访亲探友的人

这类人通常会在探访朋友或亲戚的时候，获得极大的快乐与满足，因为他人的热情款待会让他们感觉自己是成功的。在对待朋友上，讲诚信，注重情感友谊，这为他们积累了很多人脉。

2. 旅游路线

（1）喜欢去熟悉的地方

这类人性格以内向型为多，他们通常喜欢去自己熟悉的地方，做事具有严格的计划性，并且希望所有活动都在计划之中。一般来说，这类人还乐于选择正规的旅游设施和低活动量的旅游项目；喜欢家庭式的气氛和熟悉的娱乐活动，并且喜欢自己开车前往旅游点，事先准备好齐全的旅游用品，把自己和家人的旅游日程都安排得井井有条。

（2）喜欢去未开发地区

这类人性格比较外向，乐于接触不熟悉的人和事，对陌生的文化有强烈的兴趣，爱幻想，希望旅游能带给他们新鲜的经历和新的喜悦。他们认为，旅游活动应随时接触新的、可能难以预计的事物，在陌生而复杂的地方获得丰富多彩的旅游乐趣和享受。不喜欢把自己的日程安排得过满，以给自己留有灵活处理的空间。

从喜爱听的音乐类型看性格

很多人都和音乐结下了不解之缘，有的人把音乐当成毕生理想来追求，坚持不懈；有的人把音乐当成自己最好的朋友，向它倾诉自己最深的感触。许多人听过听音乐来发泄内心的感情，寻找内心的满足感，让音乐给予其慰藉，把音乐当作自己的知音。由此可知，通过分析喜爱音乐的种类也可以窥探到人的某些性格。关于这个方面，英国心理学家塞缪尔·戈斯林和剑桥大学的美国助教詹森·兰德弗朗研究证实，一个人的音乐品位与性格之间存在一定的联系，或者说一个人喜欢的音乐反映了其内心真实的想法。

喜欢古典音乐的人，理性较强，成熟而内敛。音乐于他而言是一种很个人的经验，喜欢从音乐中汲取人生感悟，结果常常形单影只，因为除了它之外，已很少东西能够触及他们内心最深层的思想和感情。爱追求人生尽善尽美的境界，但也往往容易被人看作故作清高。

喜欢民族音乐的人，比较保守，通常对父母比较顺从，喜欢照顾和体贴他人，给人成熟和安全感。女性的话，定然是标准的"贤妻良母"。

喜欢歌剧的人，思想传统保守，凡事比较苛求，要求较高，容易出现偏激行为。当然，他们也十分清楚自己的这个弱点，所以总是极力调和自己，避免不愉快产生。注重自己的形象，力求以一个完美的形象出现在大众面前，处处要求尽善尽美。要求朋友和同事表现出最佳的一面，甚至一些微不足道的小事，也要尽善尽美。

爱好爵士乐的人，对人生持随机应变的态度，通常凭直觉行事。性格当中感性成分占的比例较大，很多事情都是凭一时头脑发热而去涉及。喜欢宁静而富有情调的夜生活，对别人也十分关怀体贴；总是有一些荒唐的幻想；追求新奇，讨厌一成不变；由于生活与理想相差太远，常常会感到苦恼。

喜欢流行音乐的人，其生命主题就是"简单"，对于他们来说，一切复杂的人际关系、伦理观念和爱情，都是过眼云烟，与他无关。在恋爱和人际交往过程当中，属于平凡的随波逐流类型，他们随时准备被感情俘虏，最不能忍受深层次的自省，力图通过听音乐来使自己更加轻松和自在。

喜欢摇滚乐的人，能够将爱好作为强有力的指导，借用摇滚巨星的光环使自己在世俗当中趋于平静，找到心灵上的慰藉；他们害怕孤独，不能忍受又往往感觉很寂寞，爱好体育运动；对社会有不满情绪，经常把持不住自己；非常喜欢到处张扬，能引人注目，但不会给人留下深刻的印象；需要一种强而有力的领导感觉。

喜欢乡村音乐的人，不喜欢大城市的喧哗，喜欢安逸的田园生活，并且终其一生不懈地追求，无论是在内心还是在实际行动上；他们细心而敏感，喜欢关注社会问题，坚持正义，能够与遭受欺凌的弱小同呼吸。

喜欢打击乐的人，大多率直天真、耿直爽快，对生活充满了希望，并精心设计自己的未来；对人随和，和蔼可亲，能够得到大多数人的欢迎。

喜欢交响乐的人，通常比较自信，做事积极、主动，凡事容易看到比较积极的一面，能够迅速活跃气氛，和他人打成一片。缺点是比较喜欢表现自己，显示自己的与众不同之处，不够务实。

喜欢钢琴曲的人，往往性格比较温和，才华横溢，喜欢小资生活，他们性情优雅，才思敏捷，有着过人的智慧和不俗的才思。他们对亲人和朋友充满爱心，热心助人，深受周围人的欢迎。

喜欢听凄美歌曲的人，多愁善感，心地善良，体恤他人，歌曲对他们而言，就像生命历程中的灯塔，指引着他们前进的方向。音乐，往往能在他们的人生历程中起到推波助澜的作用。

喜欢进行曲的人，比较循规蹈矩，容易满足于现状，做事力求完美，对自己要求甚高，但往往也因为这种过高的要求而使自己失望、不满、懊恼。

喜欢蓝调的人喜欢自我沉醉，心情总是低沉落寞的，他把人生视为一段感性而非理性的经验，因此情绪不易稳定下来，大起大落，既伤害自己，又影响别人。

喜欢舞曲的人，性格比较外向，开朗而乐观。他们与爱好民族音乐的人性格刚好相反，追求自由、奔放，不喜欢被束缚。

从喜欢玩的益智游戏看性格

不同的人会喜欢不同类型的益智游戏，喜欢是因为他在这一方面感兴趣，这就是人性格的一种体现。通过喜欢的益智游戏，不仅会使一个人逐渐地变得更聪明和智慧，也能对一个人进行分析、观察和了解。

1. 喜欢数字类益智游戏

喜欢数字类益智游戏的人，多逻辑思维能力比较强，他们的生活多是极有规律的，有时候甚至达到了死板的程度。

他们在为人处世等各个方面并不圆滑也不世故，而是过分地有棱有角，结果，既易伤到别人，也会给自己带来伤害。

2. 喜欢随意组词

喜欢随意组词的人，将某一单词的字母随意颠倒顺序，组成新的单词，喜欢这一类型文字游戏的人，其思维反应多是相当灵敏的，随机应变能力很强，对不同的环境或事情能在最短的时间内与人协调一致。而且他们在对人的观察这一方面也有一些独到之处，能够很快又非常准确地洞察一个人的内心世界。在懂得了他人的需求后，马上给予其满足。

3. 喜欢智力测验

喜欢智力测验的人，他们对生活的态度虽然是非常积极和乐观的，但有时候并不了解生活的实质是什么。他们的生活没有什么规律，而且对于各种事物的轻重缓急并没有一个清楚的认识，常常会将时间、精力甚至财力浪费在没有任何意义的事情上面，结果反倒将正经事情耽误了，可是他们并不为此而懊恼或后悔，相反却还找各种理由劝导和安慰自己。

4. 喜欢在图片中寻找错误

喜欢在图片中寻找错误的游戏的人，他们活得多不轻松，常常会被一些没有任何理由的烦恼困扰着，现状是一片大好，可他们却往往要朝着不好的方面想。他们的胸怀多不够宽阔，很少注意到他人的优点，却总是盯着他人的缺点不放。

5. 喜欢魔术方块

喜欢魔术方块的人，多自主意识比较强，他们不希望别人把一切都准备好，而自己不需要花费什么力气或心思。他们也不喜欢把别人的思想和意见据为己有，而是热衷于自己去钻研和探索，哪怕这需要漫长的过程和付出昂贵的代价，也不改初衷。他们具有很好的耐性，对某一件事情，他人在感觉不耐烦的时候，他们也还能坚持如一。他们心思灵巧，触觉相当灵敏，喜欢自己动手制作一些小玩意。

6. 喜欢神秘类益智游戏

喜欢神秘类益智游戏的人，性格中最显著的特征就是疑心比较重。在他们看来，这个世界上好像没有一样东西是可信的，他们对任何事物都表示怀疑，而这怀疑常常又是没有任何依据的。他们对某些细节及一些细微的差别总是表现得极其敏感，而这往往又会成为他们为自己的怀疑所找到的依据。他们会不断地对他人进行指控，但紧接着又会为没有充分的证据进行说明而感到苦恼。

7. 喜欢拼图游戏

喜欢拼图游戏的人，他们的生活常常像拼图一样，好不容易把一副完整的图形拼好，紧接着又会变成一块块的碎片，他们的生活常常会被一些意料不到的事情所干扰和左右，有时甚至是使长时间的努力和付出全部付诸东流。不过庆幸的是，这一类型的人具有一定的忍耐力和信心，在不如意面前，不会被击垮，而是能够保持自己再奋斗的精神，一切重新开始。喜欢纵横字谜的人，他们多是做事非常看重效率的人，他们希望在最短的时间内花费最少的精力最大限度地完成某件事情，可这在某些时候是不现实的。他们很有礼貌和修养，在与人相处时彬彬有礼，显示出十足的绅士风度。他们多有坚强的意志和责任心，敢于面对生活中许多始料不及的困难和灾难。

8. 喜欢玩几何图形游戏

喜欢玩几何图形游戏的人，多是比较聪明和智慧的，他们对某一事物，常常会有自己独到的见解，而不是人云亦云。他们有很强的自信，生活态度积极、乐观，在思想上比较成熟，为人深沉而内敛，常常是一副成竹在胸的模样。在做某一件事情之前，他们多是要经过深思熟虑，前前后后把该想的都想到，在心里有了大致的把握以后，才会行动。这样即使出现什么变故，也能很快地找到应对的策略。

从喜爱看的电视节目看性格

生理学教授经过研究发现，人们在看电视节目时，其荷尔蒙会发生变化，不同种类的电视节目会影响人的荷尔蒙分泌。同一个电视节目，看的人不同，其荷尔蒙的变化也很不相同。比如，女性在爱情类节目中荷尔蒙变化比较明显，而男性在看动作类节目时荷尔蒙变化比较明显。由此，这也可以解释为什么有的人一辈子只钟爱一种电视剧。

如果你想了解一个人是什么类型的，那么看一看他们经常看什么样的电视节目就知道了。相关研究人员指出，由一个人喜欢看的电视节目的类型，可以更深入地分析其性格特征和内心的真实世界。

喜欢看动作片的人，渴望简单而美好的生活，现实生活中的复杂，很多时候让他们无法应对，而动作片中明确的善与恶、正义必得伸张的剧情迎合了他们对美好事物的向往。同时，动作片满足了很多人心中潜藏的英雄情结，让他们从小没有实现的英雄梦在影片中得以绽放，容易与剧中的英雄人物产生共鸣。

喜欢看爱情剧的人，喜欢浪漫，常常把自己幻想成剧中的男女主角，非常情绪化，虽然平时文质彬彬，但实际上脾气很倔。 由于希冀的感情往往过于理想、完美，所以在现实不能到的满足时，往往容易失落。

喜欢家庭伦理剧的人，比较现实，有责任感，是非分明，极富正义感，为人处世均极有分寸，重视家庭，重视子女的教育问题，值得伴侣信赖。

喜欢悬疑推理剧的人，多数都是富有正义感的人士，经常对各种不公平的事件愤愤不平，喜欢伸张正义。 适合从事公检法工作。 当然，也有一些高智商的人士比较喜欢推理剧，以此来提高他们的逻辑分析、推理能力。

喜欢看喜剧片的人，心理上是比较积极和轻松的，对生活要求不高，家庭观念浓厚。 他们很会寻找自己喜欢的方式缓解自身的压力，让自己更加轻松。 一般来说，经常看喜剧片的人在各种压力面前，都能从容面对。 他们个性豁达，但是很多时候不切实际，有一种自娱自乐的状态。

喜欢看历史剧的人，通常成熟、稳重、识大体、懂礼节，比较有内涵，注重内在修养。 他们看电视节目，主要是为了从中汲取营养，感悟人生。 但这类人大多思想保守，给人一种刻板、固执的感觉。

喜欢看战争类电视剧的人，通常比较自信，甚而自大，他们充分相信自己的能力，藐视权威，以自我为中心。 这种骨子里带来的自大也许会随着其年龄的增大以及人生阅历的增广而调和，但很难最终改变。

喜欢看恐怖节目或罪案故事的人，好奇心重，好胜心强。 他们往往有很强的逻辑思维能力，善于思考，但并不一定喜欢刺激。 凡事能够贯彻始终，全力以赴，喜欢追求刺激而不甘于平凡。 在现实生活中，这一类人无论做什么事总能考虑得很周全，所以生活中很少有特别的事发生。 但他们又不甘于平凡，潜意识中总希望有新的事件发生。 总体来说，这类人是天资聪颖，又略带孩子气的人，喜欢捣鬼，但秉性良好。

喜欢科幻类电视剧的人，往往想象力丰富，喜欢幻想和推理。 他们通常拥有极强的逻辑思维能力，不喜欢外在规则的束缚，思想奇特，因而显得与身边的人有些格格不入，对电子、新奇物品兴趣极大。

喜欢看动画片的人，以儿童为多，这主要是适应了小孩子的年龄特征。 但是也有很多成年人喜爱看动画片，认为动画片温馨而有趣。 这类成年人通常喜欢安静，比较孩子气，有时候会比较幼稚，但是内在不张扬。

喜欢看谈话类节目的人，为人很有主见，但又非常客观、理性化，在做出任何决定时，必先思虑周详，绝不鲁莽。 这类人大多口才较好，喜欢辩论。

喜欢大型综合性娱乐节目的人，乐观开朗，心地善良，心胸宽广，善解人意，容易看到人性中比较美好的一面。

喜欢体育节目的人，喜爱竞争，喜爱有挑战性的工作，抗压能力很强，压力越大，表现越佳。 做事前，喜欢做好周密的计划，而且尽力追求完美。

喜欢有奖游戏或猜谜类节目的人，喜爱推理，喜欢考验智商的游戏。 在面对问题时，喜欢分析，善于总结，最不能忍受愚蠢、无知的人。

除此之外，通过一个人在看电视时表现出的行为，也可以观察出这个人的性格特点。

喜欢边看电视边做其他事情的人，喜欢追求新鲜、刺激，努力挑战自我，他们通常比较灵活，能较容易地适应各种各样的环境。

看电视时频繁换台的人，通常耐心和忍受力都不是特别强，但他们懂得节省时间，爱惜财力、物力等。这一类型的人一般独立性很强，不会随波逐流。

看电视时，精神高度集中的人，通常做事专注、认真，做任何一件事情都能够全身心地投入。而且他们感情细腻，想象力丰富，很容易受他人影响。

看着电视就会睡着的人，如果不是特别疲劳的话，那么这样的人一般比较随和而乐观，在挫折和困难面前都能够笑着坦然面对，并积极地寻找各种解决的办法，力争到最后轻松地解决问题。

从喜爱的宠物辨主人性情

养宠物是一种休闲方式，喜好不同，宠物自然相差悬殊，但是从心理学角度来看，通过人们喜爱的宠物通常可以了解他们的真实性格。

1. 喜欢养猫的人

这类人崇尚独立自主,讨厌随声附和,直来直去,从来不委曲求全、言不由衷。他们内向,喜欢宁静和恬淡的生活,抑制感情流露,很少有人能进入他们的内心世界。他们严于律己,不喜欢随随便便,让人感觉不到热情和活力,有时难免矫揉造作,所以人缘通常不好。

2. 喜欢养狮子狗的人

狮子狗很可爱,不吓人,几乎像个可以一块儿玩耍、可以拿来装扮的娃娃一样。为它整理身上的毛,穿上可爱的小狗毛衣,会为主人带来许多乐趣。同样的,主人也以类似的方式为自己打扮,经常涂着口红,戴着假发。对养狮子狗的人而言,狮子狗等于是一个不会捣蛋,也不会长大的孩子。

3. 喜欢养苏格兰牧羊犬的人

苏格兰牧羊犬体格好、个性好。这种狗天生聪明、体贴。主人拥有许多与自己养的这种狗类似的特性,像一只大大的玩具熊。虽然主人看起来很快乐,不会伤人,但当他必须保护自己和家人的时候,就会变成一个难以应付的对手。

4. 喜欢养长耳犬的人

长耳犬有银色的长毛,短短的腿和长长下垂的耳朵。虽然看起来有点儿哀愁,有点儿被人欺负的模样,但实际上,它快乐、充满活力,很顽皮。 起初,别人总是对喜欢养长耳犬的人抑郁的表情留下深刻的印象,不过这样的印象很快就消失了,因为在那双沮丧的眼睛和那张阴郁的嘴巴下,藏着一个温暖、亲切、滑稽和富于幽默感的灵魂。

5. 喜欢养德国牧羊犬的人

牵着德国牧羊犬散步等于向大众宣布主人是个重要人物,有钱有势。 如果主人所养的牧羊犬是只体形庞大的大型牧羊犬,这正巧反映出这类人希望达到的身材,因为他们的身高可能有些偏矮。

6. 喜欢养血统纯正的名犬的人

如果所养的宠物家族可以追溯十代以上,多到让人只有自叹不如的份儿。 如果为了拥有一只纯种狗而花费极大的代价,那说明,这种人正试图追求尚未获得的社会地位。

7. 喜欢养斗牛犬的人

斗牛犬是一种短毛、方下颚、体型健硕的动物,据说十分顽固,而"顽固"这个形容词,对其主人来说实在是再适合不过了。 喜欢养斗牛犬的人不是一个大人物,但一般人却不会在这类人身边乱来。 这类人永远蹙着眉,可能大口含着一根粗雪茄,一副大哥般的表情。 这类人只要使个眼神,就可以防止所有的争执与不和。

8. 喜欢养杂种狗的人

每当别人问他养的是哪一种狗时，他们通常会回答："噢！只是一只杂种狗！"这类人真正的意思是觉得自己就像这种狗一样平凡和普通，不过，他们时常低估了自己对朋友的忠诚及热爱。一旦找到了自己的生活方式，会很知足地维持现状，经常会用轻拍头部来代替亲吻双唇。

9. 喜欢养流浪狗的人

捡到一两只流浪狗，把它带回家，显示出这类人是善良、有同情心的人，愿意敞开家门，欢迎那些比自己不幸的人。不过，也可能表示这类人没有能力拒绝他人。

10. 喜欢养鸟的人

这类人性格细腻，心胸狭隘，会精心地装饰属于自己的空间。他们不喜欢烦琐的人际关系，交际能力差，性格孤僻。养鸟能使他们自娱自乐，帮助他们打发多余的时间和寂寞。

11. 喜欢养鱼的人

这种人有生活情趣，是个充满自信的乐天派，对事业和生活没有过高的奢求，只想平平安安度过每一天。有人说他们胸无大志，但他们一生快乐却也令人羡慕。

从阅读的爱好看性格

1. 阅读的方式
（1）喜欢略读

喜欢略读的人通常比较粗心，他们不注重细节，只对重要性的概念感兴趣。因而在工作上，虽然他们大致上的表现还可以，但有时会犯一些不该犯的小错误。但是，由于他们很善于把握大局，能轻松掌握事情的整体及来龙去脉，因而比较适宜做行政工作。但是，这类人需要雇用一名能够处理细节的助手。

（2）喜欢细读

喜欢细读的人工作比较认真、负责，对每一个环节都同等注重，注重过程，但是对于他们来说，做事最忌虎头蛇尾，得到想要的结果才是他们最想要的，对于细节的把控都是为了得到想要的结果。在爱情上，这类人不会为了谈恋爱而谈恋爱，对于他们来说，恋爱是以结婚为目的的。他们认为生活的每一个细节都值得仔细体味，而不是马马虎虎对待人生。

（3）有读无类

还有一种人，无论是看哪种书，都能看起来有滋有味，非常投入。这类人一般思想比较开明，在与人接触时，喜欢发掘对方的长处，而不是缺点。喜欢做灵活性的工作以及与人接触的工作，而不是机械的工作。对于他们来说，很多东西都会引起他们的兴趣，但通常，也没有任何一件事物会使他们感兴趣到忘记了其他爱好。

2. 喜欢的书的类型

（1）喜欢读言情小说的人

以女性为多，她们一般感情较为丰富，能够随着故事情节的发展而同小说人物一起悲欢。通常直觉很准，对事物有很强的洞察能力；在陷于困境或者面临失败时，不会萎靡不振，有成功的潜质。

（2）喜欢武侠小说的人

以男性为多，也有不少女性比较喜欢。喜爱武侠小说的男性大多有某种很深的英雄情结，富于幻想，总是希望自己能出人头地；比较讲义气，重情义，因此男性朋友较多。

（3）喜欢看通俗读物的人

这类人通常比较喜欢看一些街头小报和期刊等通俗读物。一般而言，他们善良而热心，性格直爽，说话幽默，善于活跃气氛，因而也经常成为社交场合中颇受欢迎的人物。

（4）喜欢看漫画书的人

这类人活泼可爱，性格开朗，比较平易近人；无拘无束，喜欢简单而又自由自在的生活，不想生活得太过于复杂；心地善良，对别人不加防备，容易吃亏上当，但能够吃一堑，长一智。

（5）喜欢财经书刊的人

这类人往往对生活充满激情，不喜欢安于现状，而且有知难而进的勇气，以超越他人为乐。他们崇拜那些在事业上卓有建树的人物，并以他们为榜样，渴望荣誉，努力寻找成功的机会。

（6）喜欢时尚杂志的人

这类人大多追求时尚，非常在意自己的外貌，爱面子，在日常生活中比较关注自己的身份和地位，以掌握最新流行信息为一大乐事，以向他人显示自己在此领域内的能力。但这类人往往容易把过多的时间花在外表上，而忽略了内在的修养。

（7）喜欢诗歌的人

喜欢诗歌的人有一颗赤子之心，他们热爱生活、热爱大自然，热爱世间的一切。与此同时，他们还有意识地在诗歌的熏陶下，追求"真善美"，远离"假恶丑"，净化自己的心灵。同时，这类人注重完善自我，而容易忽略了其他。

（8）喜欢传记体裁书籍的人

这类人具有强烈的好奇心，既有雄心壮志，又脚踏实地。善于衡量利弊得失，统筹全局，不打没有把握的仗，条件不成熟决不会越雷池一步。

（9）喜欢读历史书籍的人

这类人通常讲究实际，重视结果，不喜欢说空话，而是喜欢把时间安排得井井有条，都用在有建设性的工作上面，不喜欢无意义的社交活动，也不会和那些无所事事的人交往。他们能够从历史事件当中汲取对自己人生有意义的东西，从而增加自己的内涵。

（10）喜欢科幻类书籍的人

富于幻想和创造，想象力也较为丰富，常常为科学技术的魅力所吸引，喜欢为将来拟定目标，但不太切合实际，缺乏持之以恒的精神，经常生活在幻想当中。

（11）喜欢恐怖类书籍的人

喜欢看恐怖小说的人往往对简单的生活感觉太乏味而心情压抑，或者在激烈的竞争所带来的巨大压力面前无所适从，为了摆脱内心的压抑和烦躁，而对这类书籍颇有好感。他们渴望刺激和冒险，善于解决难题，知难而进，喜欢挑战别人不敢碰的难题。

（12）喜欢侦探类书籍的人

这类人最大的特点就是喜欢动脑筋和解难题，在许多人看来似乎是束手无策的题目，到了这类人的手上却能轻而易举地解开。而且对于一些令人望而止步的难题，他们却兴趣倍增，以解开它们为乐事。

从喜欢的床的类型看对方

床在我们的生活、生命中都占有非常重要的作用，人类将一生中三分之一的时间用在了床上，我们从选床的差别中也可以看准对方。

喜欢旧式床且可以折叠的人，多是比较传统和保守的，而且生活十分节俭、朴素。为人处世方面比较小心和谨慎，他们从来不会轻易地就将真实的自己展示给他人看。他们的情感中，理性成分比较多，懂得控制自己的感情，喜欢与人保持一定的距离。

喜爱罩篷床的人，多是具有十分强烈的浪漫主义色彩的人，他们常常放纵自己，让自己生活在一个虚幻的、美妙的世界里，借以逃避现实生活中的许多不如意。他们多性情温和，但意志力不强，非常脆弱，容易受到伤害，而且时常有挫败感。

喜欢折叠床的人，多具有双重性格，他们偶尔会深深地压抑自己的某种情感，偶尔又会无节制地放纵自己。这一类型的人有时不够负责任，在该负的责任面前常常会选择逃避。他们多会把大部分的时间和精力投入到工作当中去，属于事业型的人。而在这个过程中，他们偶尔会将自己的各种情感深深地掩藏起来。

喜欢特大型号床的人，他们希望有能让自己伸展拳脚的空间，并一直在为此而进行努力。他们并不太想有人能非常彻底地了解自己。相比较，他们更愿意与他人保持一定的距离和神秘感。

喜欢比单人床大一点，但又比双人床小一点的床的人，他们的性格多是双重的，并且在大多数时候处在一种矛盾当中。 他们喜欢变化，很难满足于某一固定的生活形态；为人多比较亲切和热情，而且也希望能够从他人那里获得关心和温暖。

喜欢单人床的人对自己的要求大多都很严格。 他们不算是特别灵活的人，有时甚至显得有些木讷，但他们在为人处世各个方面都比较小心，对工作能够认真负责，有坚强的毅力，最后也多会取得一定的成功。

喜欢阁楼床的人多非常喜欢自己站在阁楼上，拥有一种高高在上的感觉。 这样，他们可以很清楚地看到一些景象，可是实质上，此举的根本意义则是站在高处俯瞰全局。 这一类型的人更合适做一个管理者。 在很多时候，他们会采用一些有效的、新的方法来客观地处理和解决各种问题，并且能够起到非常好的效果，从而赢得他人的依赖和尊敬。

喜欢床带有镜子的人，具有自恋情结，但有些时候，他们又会不太相信自己的感觉，而从自我的圈子里跳出来，以一个旁观者的眼光来观察和打量自己。

喜欢水床的人，他们多敏感，往往能够很快地就抓住社会发展的趋势，快速地调整自己，使自己顺应潮流，然后投入其中。 在绝大多数时候，他们都会使自己处于主动地位，这为他们带来了很多成功的机会。